《中国国家创新生态系统与创新战略研究》
丛书编委会

顾　问　郭传杰
主　编　汤书昆
副主编　徐雁龙
编　委（以姓氏笔画为序）
　　　　王　娟　朱　赟　李建刚　范　琼
　　　　郑　斌　秦　庆　袁　亮　程　曦

"十四五"国家重点出版物出版规划项目

中国国家创新生态系统与创新战略研究(第二辑)

中国科学文化生态的培育与当代实践

朱赟 著
汤书昆

The Cultivation and Contemporary Practice of Scientific and Cultural Ecology in China

中国科学技术大学出版社

内容简介

本书基于科学文化生态培育的内涵、中国科学文化生态发育的历程，对中国科学文化生态的培育进行了理论探究和实践观察，从中国科学共同体、中国地方行政区域以及中国高新技术企业三个维度的鲜活案例出发，对中国科学文化生态的培育和当代实践进行探索，以点带面地阐释和解读中国科学文化生态发育的现状、经验与问题，从而对中国科学文化生态的未来演进进行展望与思考。

图书在版编目(CIP)数据

中国科学文化生态的培育与当代实践/朱赟，汤书昆著. --合肥：中国科学技术大学出版社，2024.3

(中国国家创新生态系统与创新战略研究. 第二辑)

国家出版基金项目

"十四五"国家重点出版物出版规划项目

ISBN 978-7-312-05955-1

Ⅰ. 中⋯　Ⅱ. ①朱⋯ ②汤⋯　Ⅲ. 科学史—研究—中国　Ⅳ. G322.9

中国国家版本馆 CIP 数据核字(2024)第 070292 号

中国科学文化生态的培育与当代实践

ZHONGGUO KEXUE WENHUA SHENGTAI DE PEIYU YU DANGDAI SHIJIAN

出版	中国科学技术大学出版社
	安徽省合肥市金寨路 96 号,230026
	http://press.ustc.edu.cn
	https://zgkxjsdxcbs.tmall.com
印刷	合肥华苑印刷包装有限公司
发行	中国科学技术大学出版社
开本	710 mm×1000 mm　1/16
印张	16
字数	245 千
版次	2024 年 3 月第 1 版
印次	2024 年 3 月第 1 次印刷
定价	78.00 元

总　序

PREFACE

21世纪初，移动网络技术与人工智能技术的迭代式发展，引发了多领域创新要素全球性、大尺度的涌现和流动，在知识创新、技术突破与社会形态跃迁深度融合的情境下，创新生态系统作为创新型社会的一种新理论应运而生。

创新生态系统理论从自然生态系统的原理来认识和解析创新，把创新看作一个由创新主体、创新供给、创新机制与创新文化等嵌入式要素协同构成的开放演化系统。这一理论认为，创新主体的多样性、开放性和协同性是生态系统保持旺盛生命力的基础，是创新持续迸发的基本前提。多样性创新主体之间的竞争与合作，为创新系统的发展提供了演化的动力，使系统接近或达到最优目标；开放性的创新文化与制度环境，通过与外界进行信息和物质的交换，实现系统的均衡与可持续发展。这一理论由重点关注创新要素构成的传统创新理论，向关注创新要素之间、系统与环境之间的协同演进转变，体现了对创新活动规律认识的进一步深化，为解析不同国家和地区创新战略及政策的制定提供了全新的角度。

进入21世纪以来,以欧美国家为代表的国际创新型国家,为持续保持国家创新竞争力,在创新理念与创新模式上引领未来的战略话语权,系统性地加强了创新理论及前瞻实践的研究,并在国家与全球竞争层面推出了系列创新战略报告。例如,2004年,美国国家竞争力委员会推出《创新美国》战略报告;2012年,美国商务部发布《美国竞争和创新能力》报告;2020年,欧盟连续发布了《以知识为基础经济中的创新政策》和《以知识为基础经济中的创新》两篇报告;2021年,美国国会参议院通过《美国创新与竞争法案》。

当前,我国已提出到2030年跻身创新型国家前列,2050年建成世界科技创新强国的明确目标。但近期的国际竞争使得逆全球化趋势日趋凸显,这带来了中国社会创新发展在全球战略新格局中的独立思考,并使得适时提炼中国在创新型国家建设进程中的模式设计与制度经验成为非常有意义的工作。研究团队基于自然与社会生态系统可持续演化的理论范式,通过观照当代中国的系统探索,解析丰富多元创新领域和行业的精彩实践,期望形成一系列、具有中国特色的创新生态系统的理论成果,来助推传统创新模式在中国式现代化道路进入新时期的重大转型。

本丛书从建设创新型国家的高度立论,在国际比较视野中阐述具有中国特色的创新生态系统构成体系,围绕国家科学文化与科学传播社会化协同、关键前沿科学领域创新生态构建、重要战略领域产业化与工程化布局三个垂直创新领域,展开对中国创新生态系统构建路径的实证研究。作为提炼和刻画中国国家创新前沿理论应用的专项研究,丛书对于拓展正在进程中的创新生态系统理论的中国实践方案、推进中国国家创新能力高水平建设具有重要参考价值。

2018年，以中国科学技术大学研究人员为主要成员的研究团队完成并出版了国家出版基金资助的该项目的第一辑，团队在此基础上深入研究，持续优化，完成了国家出版基金资助的该项目的第二辑，于2024年陆续出版。

在持续探索的基础上，研究团队希望能越来越清晰地总结出立足人类命运共同体格局的中国国家创新生态系统构建模式，并对一定时期国家创新战略构建的认知提供更扎实的理论基础与分析逻辑。

本人长期关注创新生态系统建设相关工作，2011年曾提出中国科学院要构筑人才"宜居"型创新生态系统。值此丛书出版之际，谨以此文表示祝贺并以为序。

中国科学院院士，中国科学院原院长

前 言

FOREWORD

在当下这个信息爆炸、技术飞速发展的时代,科学技术已经成为推动社会进步与创新的核心动力。中国作为历史悠久的人口大国,其科学文化生态的培育显得尤为关键。健康、充满活力的科学文化生态,不仅能够推动科学技术的快速发展,还能够提升整个社会的文明程度和民众的生活品质。

在当今这个充满创新活力的社会语境之下,一方面,文化作为创新根基这一理念得到了更为深入的弘扬与传播,文化设计所蕴含的变革性意识有了显著的增强。而且,这种对变革性的强化开始与民族文化基因的强化产生紧密的关联,二者相互交融、相互促进,共同推动着文化的创新与发展。另一方面,互联网的蓬勃兴起以及社交媒体的广泛流行,为科学文化的交流与扩散提供了全新的、极具活力的传播模式。诸如网络众包模式所推动的协同创新科学文化,还有新媒体沉浸式互动所构建的科学文化场境等崭新形式纷纷涌现。这些新的形式使得科学文化的传播路径不再仅仅局限于传统时期的线性传播与大众传播模式,而更多地呈现出复杂的双向乃至多向交互的路径形式。在这一全新的情境之下,人们接受科学文化精神与理念、科学文化知识和技能的渠道变得更加丰富多样、便捷高效且具有自主性。一个全新的格局已然形成，那就是公众不仅可以被动地接受，还能够创造性地参与到科学文化的构建过程当中，成为推动科学文化发展的重要力量。

科学文化的内涵包括多个重要方面，如科学知识、科学思想方法、科学精神以及规制等实质性要求。科学知识无疑是人们从事科学劳动所产生的基本成果，它体现了人类在特定历史时期对自然界的认识深度与广度。科学知识是构建科学文化的坚实基础，若没有科学知识的支撑，科学文化便无从谈起。科学的思维方式和方法构成了科学文化的第二层内涵，它是科学家在对客观世界以及主体生命世界进行认识和探索的过程中，创造并加以运用的思维方式和思想方法，其主要特征表现为理性思维，例如逻辑的、系统的、实证的等。而科学文化的核心内质则是科学精神以及由此约定俗成的规制。科学精神乃是科学共同体在追求真理、不断逼近真理的科学活动中，逐步形成和发展起来的一种精神气质，并且在面对社会多群体相互交流时，为了保持这种精神气质而需要遵循的行为规范。科学文化是一种基于特定语境存在的连续时间轴上的科学实践形式。它承认科学作为一种地方性知识的合理性，同时为科学实践的转向提供了逻辑可能性和现实必要性。科学实践的文化建构旨在超越主体与客体、自然与社会、事实与价值之间的二元对立，并解决维持其自身秩序的不确定性异质化运行机制。这样，科学实践就能够被纳入更广泛的整体文化冲突中，并被视为一种文化存在形式，具备文化的本质属性和现实特征。科学本身作为一种文化存在，是朴素而崇高的，它根植于生活世界并对人类文化产生影响。科学文化的培育过程既是人类认知空间和实践领域不断扩展和延伸的过程,也是人类在追求理性之路上完善自身本质的过程。科学文化描绘的意义图景深深地嵌入人类生活世界,并成为重新定义人类生活世界的一部分。

科学文化生态的形成与发展是在动态的过程中实现的,需要通过持续不断的行为及活动来予以推动和维系。

第一,科学文化生态的培育,是对科学知识广泛传播的坚实基础。通过教育、媒体、社会活动等多元化渠道,科学知识得以深入人心,让更多的人了解和掌握科学原理和技术应用。这种广泛传播不仅提高了民众的科学素养,还促进了社会对科学的认识和尊重,为科学事业的持续发展奠定了坚实的基础。

第二,科学文化生态的培育还是塑造全社会科学观念、激发创新活力的源泉。一个良好的科学文化生态能够激发人们的探索欲望和创新精神,鼓励人们勇于尝试、敢于突破。在这种氛围下,新思想、新技术得以孕育和成长,为国家的科技进步和创新发展提供了源源不断的动力。

第三,科学文化生态的培育对于提升国家的科技竞争力具有重要意义。在全球化日益加剧的今天,科技竞争已经成为国家间综合实力竞争的重要组成部分。一个健康的科学文化生态能够吸引和培养更多的优秀人才投身科学事业,推动科学技术的不断突破与进步,从而提升国家的科技实力和竞争力。

在中国,科学文化生态的培育已经取得了显著的成果。政府高度重视科学文化建设,出台了一系列政策举措和规划,为科学文化生态的培育提供了有力的支持和保障。同时,教育改革也在不断推进,注重培养学生的科学素养和创新能力。此外,大众媒体也积极发挥科普作用,通过电视、广播、网络等渠道广泛传播科学知识。民间科普力量也在不断发展壮大,为科学文化生态的培育注入了新的活力。

然而,我们也应该看到,中国科学文化生态的培育仍然面临着一些挑战和困难。比如,科学普及的广度和深度还有待加强;部分地区的科学教育资源分布不均;科技创新的体制机制仍需进一步完善等。因此,我们需要继续加大投入力度,不断探索和实践科学文化生态的培育路径,为中国的科技进步和创新发展提供更加坚实的基础和有力的支撑。

本书聚焦于中国科学文化生态的培育与当代实践,通过深入剖析现状、成果和挑战,梳理出具有中国特色的科学文化生态培育模式与经验。在未来的探索与实践中,中国科学文化生态的培育将更加注重创新与开放。我们希望通过本书的出版,为推动中国科学文化的繁荣发展提供坚实的理论基础和实践指导,让更多的人了解和参与到科学文化生态的培育中来,共同见证中国在科学文化领域的成长与辉煌。

目 录
CONTENTS

总序 ··· (ⅰ)

前言 ··· (ⅴ)

第 1 章
中国科学文化生态培育的内涵与前景 ··············· (1)

1.1 文化生态与科学文化内涵 ···························· (1)
1.1.1 文化生态内涵 ······································ (1)
1.1.2 科学文化概念界定 ································· (2)
1.1.3 科学文化有机构成 ································· (7)
1.1.4 科学文化构建逻辑 ································· (8)
1.1.5 中国科学文化生态的运行机制探索 ············· (10)

1.2 科学文化生态培育的当代价值 ······················· (11)
1.2.1 平台聚合价值 ······································ (11)
1.2.2 身份认同价值 ······································ (13)
1.2.3 创新文化价值 ······································ (13)

1.3 科学文化生态的前瞻价值 ···························· (14)

第 2 章
科学文化生态发育历程与演化路径 (16)

2.1 传统科学普及范式下科学文化基因的孵化 (17)
2.2 有限开放阶段科学共同体的公众理解科学实践 (19)
2.3 开放创新阶段科学共同体的协同共生文化生态 (22)

第 3 章
科学共同体科学文化生态培育的当代实践 (26)

3.1 中国科学文化建设历程 (26)
   3.1.1 经典科学传播时代的科学文化制度建设 (26)
   3.1.2 交互传播环境下的科学文化制度建设 (30)
   3.1.3 "文化强国"与"科技强国"融合战略下的科学文化建设 (33)
3.2 发达国家科学文化生态研究 (38)
   3.2.1 "学院科学"时代科学文化生态演化 (38)
   3.2.2 "后学院科学"时代科学文化生态实践 (41)
   3.2.3 "开放参与"时代演化路径的发展 (48)

第 4 章
中国科学共同体的科学文化生态建设案例 (52)

4.1 中国科学共同体建设现状 (52)
4.2 中国科学共同体建设特征 (54)
   4.2.1 当前特征之一：传播的分众化 (54)
   4.2.2 当前特征之二：渠道的智能化 (58)
   4.2.3 当前特征之三：形式的立体化 (61)
   4.2.4 当前特征之四：机制的协同化 (65)
4.3 中国科研组织科学文化生态建设的实践案例 (67)

  4.3.1 激光映照大众——中国科学院上海光学精密机械研究所 …………（67）
  4.3.2 智慧传播——中国科学院 ……………………………………………（74）
  4.3.3 原本山川，极命草木——中国科学院昆明植物研究所 ……………（77）

4.4 中国研究型高校科学文化生态建设的实践案例 …………………………（90）
  4.4.1 蔡元培的"兼容并包"与北京大学科学文化传承 ……………………（90）
  4.4.2 钱学森的"文化设计"与中国科学技术大学科学文化基因 ………（101）

4.5 科学共同体的生态适应演化 ………………………………………………（139）
  4.5.1 中国科学共同体现状刻画 ……………………………………………（139）
  4.5.2 中国科学共同体的生态特征 …………………………………………（142）
  4.5.3 科学共同体生态实践演化措施 ………………………………………（144）

第5章
中国地方行政区科学文化生态建设示范 ……………………………（148）

5.1 中国基层治理主体科学文化建设特征 ……………………………………（148）
  5.1.1 科学文化建设具有时代性 ……………………………………………（150）
  5.1.2 科学文化建设具有地方性 ……………………………………………（151）
  5.1.3 科学文化建设具有层次性 ……………………………………………（152）

5.2 浙江省科学文化生态培育的规划与实践路径 ……………………………（153）
  5.2.1 浙江科学文化建设的必要性与可行性 ………………………………（153）
  5.2.2 文化浙江，传承引领实践 ……………………………………………（156）
  5.2.3 科学文化政策制定 ……………………………………………………（165）
  5.2.4 数智社会——科学文化数字化实践 …………………………………（170）
  5.2.5 智惠社会——公共场馆科普化实践 …………………………………（176）

5.3 地方行政区科学文化生态发展的路径刻画 ………………………………（180）
  5.3.1 基层多元主体协同共建 ………………………………………………（180）
  5.3.2 社群生态平台共享建构 ………………………………………………（181）
  5.3.3 创新组织的分级分类精准治理机制 …………………………………（183）

第6章
中国高新技术企业科学文化生态建设实践 (184)

- 6.1 中国高新技术企业科学文化生态概述 (184)
  - 6.1.1 制度化 (185)
  - 6.1.2 氛围化 (186)
  - 6.1.3 桥梁化 (186)
- 6.2 高新技术企业科学文化模式探索与成效 (188)
  - 6.2.1 科技创新转化实践案例：合肥量子信息未来产业科技园 (188)
  - 6.2.2 企业文化实践案例：华为 (192)
  - 6.2.3 文化引领实践案例：鱼跃酿造 (202)
  - 6.2.4 众创实践案例："科普中国" (208)
  - 6.2.5 众包实践案例：智慧气象服务云平台 (216)
- 6.3 高新技术企业科学文化实践提炼 (221)
  - 6.3.1 树立正确的企业科学文化观念 (221)
  - 6.3.2 明确企业科学文化的责任主体 (222)
  - 6.3.3 探索新型的传播方式 (223)
  - 6.3.4 研究建立企业与高校的联动模式 (223)

第7章
当代中国科学文化生态培育的展望与反思 (225)

- 7.1 机制涌现与信息"失衡" (225)
- 7.2 多组织与社群生态基因孵化 (228)
- 7.3 开放亲民科学价值体系的培育 (230)
- 7.4 评估体系的动态优化 (232)

参考文献 (234)

后记 (239)

第 1 章
中国科学文化生态培育的内涵与前景

在当代的创新社会语境中,一方面,文化使创新根基的理念得到了进一步的弘扬,文化设计的变革性意识大幅增强,同时,这种对变革性的强化又开始与民族文化基因的强化关联;另一方面,互联网的出现和社交媒体的流行为科学文化的交流扩散提供了全新的传播模式,如网络众包模式的协同创新科学文化、新媒体沉浸式互动的科学文化构建场景等纷纷涌现,使得科学文化传播路径不再只是传统时期的线性传播与大众传播,而更多呈现为复杂的双向与多向交互的路径形式。这一新的情境,使得接受科学文化精神与理念和科学文化知识与技能的渠道更加多样、便捷与自主,形成了公众可以创造性地参与到科学文化构建进程中的新格局。

当前,我国正处于"文化强国"与"科技强国"双线并举的新战略背景中,社会各界正在强烈呼吁营造唯真、唯新、唯能的科研生态,共同构建平等、宽容、创新的科学文化生态,形成构建新科学文化生态的新诉求。

1.1 文化生态与科学文化内涵

1.1.1 文化生态内涵

文化生态作为与科学文化息息相关的概念,经常与"生态文化"的概念相混淆。关于文化生态的概念,目前学界有两种观点:一种观点是基于文化人类学立论,认为文化生态是各民族、各地区自然而然的、原生态的、祖先传下来的文化的存在状况,是植根于各地不同的自然生态环境之上的,具有鲜明地域特征和民族特征的文化存在状况。另一种观点是基于文化哲学的立论,认为是一定时期一定社会文化大系统内部各种具体文化样态之间相互影响、相互作用、相互制约的方式和状态(李学江,2004)。而本书中所说的"文化生态"是与自然生态相呼应的概念,是对整个文化的生态体系进行的强调与刻画。这一生态体系既包含文化与环境的相互关系,也包含各种不同文化之间的相互关系,甚至包含特定文化的内部关系。

生态文化与文化生态有一定区别。生态文化侧重于人和自然的和谐相处,认为人与自然是一个生态共同体。而文化生态侧重于文化,认为文化与环境、文化与文化之间形成一个生态体系,它们相互影响、相互制约。

1.1.2 科学文化概念界定

作为一个独立的概念系统,严格意义上科学文化的历史不如人文文化那样渊源久远,它更多是近代科技革命实践伴生的产物。16—17世纪以来,科学技术迅猛发展,并深度影响到人类文明与民众生存,相对独立的科学文化系统也在此背景下逐渐形成。

有学者把科学文化视作"对科学活动中诞生的方法、精神的价值判断,是一种源于科学又高于科学、从科学扩展到社会中的信念体系"(伍光良,葛菲阳,2018)。而学术界主流的观点则认为,"科学文化"是指科学共同体围绕科学活动所形成的一套价值体系、思维方式、制度约束、行为准则和社会规范。其核心是追求真理,其精髓是崇尚理性,提倡质疑、批判、创新,追求实证和普遍确定性规律。

科学文化的本源是科学,但其与科学又有着较大的差别。随着社会发展,科学文化边界和内涵也随之扩大,科学文化不仅仅成为科学本身生态环境一环,也作为社会基础,深入融合到社会建制之中。

狭义的科学文化早先是科学研究共同体内部的"学术圈文化",也就是原型科学文化,原型科学文化随着"学院科学"的发展而诞生,"学院科学"是科学最纯粹形式的原型(齐曼,2008)。我们可以将"学院科学"理解为主要存在于大学、国家级别的科学院、研究委员会等学院类机构之中的"为知识而知识的"、脱离世俗利益的那类纯探究活动,它远离世俗利益,享有充分的自主性,遵循一套不成文的规范自行运作。

原型科学文化的形成始于知识分子阶层。大约在18世纪,启蒙运动在西方社会兴起,启蒙运动的核心和灵魂便是理想主义精神。启蒙运动是与近代科学和哲学的勃兴密切相关的,而近代科学和哲学的共同根基就是理性精神,科学文化也随着启蒙运动在这一时期逐渐形成。著名科学社会学家默顿(2003)也以此为前提推导出一组构成科学精神气质的社会规范(道德规范):普遍主义、公有性、祛利性和有条理的怀疑主义。科学的精神气质是指用以约束科学家的有感情色彩的一套规则、规定、惯例、信念、价值观和基本假定的综合体,在启蒙运动者看来,任何科学活动一旦偏离这种"原型",就不能称为"科学的"活动。

而普朗克与马赫、贝尔纳与波兰尼之间的论战显示出科学文化的变化和发展。在如何定位科学的目的上,普朗克与马赫有各自的坚持:在马赫那里,他认为人类的生存是首要目的,因此科学的作用就在于帮助人们节约劳动,从而实现生存这一首要目的(Blackmore,1992);对于普朗克来说,科学应该有自身追求的目标,就是建立统一、连贯的世界图景。在这一场论战中,普朗克赢得了胜利,这同时也表明具有真理取向的柏拉图式的世界观在当时的科学家中还是占主导地位的。而随着第一次世界大战爆发,诸多科学家在化学武器的研发和使用中扮演了不光彩的角色,这严重地腐蚀了普朗克所倡导的柏拉图式的纯科学的精神。如此看来,科学与政治、经济和军事的关系需要被重新定位,其中贝尔纳与波兰尼的论战尤其值得关注。

贝尔纳认为科学的发展是因为经济的需要,促进科学发现的动力和物质手段都来自人们对物质的需求(贝尔纳,1982)。科学之所以在社会中有如此高的地位，完全是由于它对提高利润所作的贡献，而不在于科学家自身受什么崇高的目标驱使。科学本身存在诸多不足，无法完全依赖科学来保障社会的福祉，要想使科学有效地为人民服务，还需对资本主义体制进行一场必要的变革。但是在波兰尼（2000）看来，科学研究和知识的生成是通过"个人知识"来实现的，科学有时会充当社会的目的，但这一点丝毫不会妨碍科学在认识论上的自律性。正是由于科学知识的基础还不够明确，因此，只有科学家当下的活动才能探索和完善推动科学进步的方法。

从贝尔纳与波兰尼的争论中可以看出，尽管贝尔纳主义从科学的外部因素角度看到了政治权力对科学的决定性的影响力，但是未能说明知识本身是怎样被生产出来的。正是这种局限性使他难免遭到来自科学内部的抨击。但是在第二次世界大战后，工业化国家的政策大多在经济上崇尚自由主义，而在科技层面上选择了贝尔纳主义。只是他们选择的是弱贝尔纳主义，把关于高效发展的计划、规划、人力资源、资金和设备的想法作为制定科技政策的合法性根据。

第二次世界大战的爆发，尤其是美国在广岛和长崎投下两枚原子弹正式宣告了纯科学或"学院科学"的终结。到了 20 世纪中叶，科学研究涌现出三种新的活动模式：大科学、产业科学和跨学科研究，这种多元的局面被称为"后学院科学"（"后学院科学"是齐曼（2008）在《真科学》一书中提出的核心概念）。此时科学文化已经从知识分子阶层或者自然科学家群体逐渐向社会大众渗透，即由狭义的科学文化向广义的科学文化演变。

随着"后学院科学"的到来，科学便发展到了产业科学阶段，科学文化在社会制度上面的展现体现为科学活动本身成为一个庞大的产业。虽然很大一部分科学家依然保持着固有的学术传统，依然领着固定的薪资沿着自己的学术兴趣度过职业生涯，但是随着科学研究成本的提高，研究课题的基金资助越来越多地来自官僚机构或者商人，研究者只能按照资助者的要求展开研究，不得不压制住自己的研究兴趣。尤其是当出资方来自产业界，这意味着研究者及其学术机构必须按资本追求效率最大化的要求生产更多、更具商业价值的成果。

20世纪以来,随着"学院科学"逐渐向产业科学和大科学转变,科学逐渐渗透进整个社会,科学文化也逐渐从科学家群体扩展到整个社会,而且科学文化的内涵也发生了重要的改变。产业科学和大科学都有着明确的功利性目标,因此,当代的科学文化,除了对真理的追求,还包含了功利性的要求。当然,时至今日,仍有一部分学者坚持认为科学文化应该固守原有的非功利性追求,不应该把功利性的目标纳入科学文化中。

中国的科学文化并非由中国传统文化孕育而成,它是随着近代科学在中国的传播而逐渐发展起来的。鸦片战争以后,中国人民"师夷长技以制夷",西方近代科学在19世纪末系统地传入中国,在中国得到了广泛而迅速的传播,不仅对宗教、政治、文化等领域产生了巨大影响,而且促进了中国科学文化的诞生和发展。对科学以及科学文化思考的不断深入,"新文化运动"便开始了,并且在五四运动时达到高峰。"德先生"与"赛先生"被赋予了救亡图存、启蒙革新的重任,而通过五四运动以及之后的"科玄论战"(Blackmore,1992),科学文化的影响力不断扩展,一大批青年学生参与进来。然而未及充分展开,民族危机的加剧使得中国的科学研究减缓至半停顿状态,这直接影响到中国科学文化的发展状态,阻碍了科学文化继续向大众生活和社会层面深入扩散。

中华人民共和国成立后,中国开始重视科学带给世界的改变,并展开了科技事业建设以及国民科普活动。与西方不同,中国的科技事业曾经采用计划经济的手段,从功能性与工具性上认识到科学发展的重要,科学文化建设也主要集中在物质层面与制度层面,对于理念层面的建设是有所欠缺的。同时,半个多世纪以来,科学文化传播中政府一直扮演了主导角色。21世纪初,随着"科学松鼠会""果壳网"等民间科学传播机构的建立,热衷于科学传播的科研工作者开始自发地通过新媒体进行多方面的科学传播,然而这些科学传播活动多以提高我国公民的科学素质、提升公众对于科学的兴趣等为目的,对于公众关注度极高的转基因食品、化工 PX(para-xylene,对二甲苯)项目、垃圾焚烧等一系列充满争议的科技焦点话题却显得十分被动。究其原因,中国的科学传播活动虽然丰富且多元,但科学文化在理念层面仍未深入社会大众,无法从观念上影响公众对于科技项目的认识和理解。

活动是中国科学文化向群众传播的重要方式,在一系列的政策与措施的推进之下,中国开展了许多全国性的大型科普活动,如科技下乡、科教进社区、科普示范推广等,旨在提高公众科学素养,推动生产力发展,传播科学思想,这些都促进了中国科学文化的宣扬和发展。然而科学文化在长时间的发展过程中并未深入人心,对群众的科学认知和科学理解影响有限,同时又由于缺乏针对性的传播方式,公众对专家的"信任危机"直接影响了一些带有争议性的科技项目的发展,比如,发生在厦门、大连、宁波、彭州、昆明和茂名等地区的"PX项目事件",使得PX项目在中国的落地生产举步维艰。据统计,2014年中国PX的进口量达到使用总量的53%,耗资约600亿元,较2011年提高10个百分点。种种情况都表明,中国公众对于与自身利益相关的科技议题的关注度是较高的,几次群体事件都在将公众与专家之间的意见推向两极化。

如今,中国已经在诸多重大科技领域取得了有世界表达力的成果,然而仍需要对中国科学文化发展的滞后性以及对于科学发展、民众思维习惯的影响进行深刻的反思。当前,科学文化的社会化进程不甚理想,科学文化的特质及其实践要求未形成社会共识,社会大众对其的理解和认知还未能上升为社会意志,新时代和新形势下只有探索和直面中国科学文化建设中存在的问题,才能进一步发展和发扬中国的科学文化。

从上述历程可知,科学文化的内涵,主要是指科学知识、科学思想方法、科学精神与规制几个方面的实质性要求。科学知识是人们从事科学劳动的基本产物,反映出人类对自然界在某一历史时期所达到的认识深度与广度,科学知识是构成科学文化的基础,离开科学知识,科学文化也无从谈起。科学的思维方式、方法是科学文化的第二层内涵,是科学家在认识、探讨客观及主体生命世界的过程中,所创造并运用的思维方式和思想方法,其主要特征是理性思维,如逻辑的、系统的、实证的,等等。科学文化的核心内质是科学精神及由此约定俗成的规制,科学精神是科学共同体在追求真理、逼近真理的科学活动中,所形成发展的精神气质,以及面对社会多群体交互时保持这类精神气质而需要的行为规范。

1.1.3 科学文化有机构成

"科学文化"的结构主要包含三个部分：关系探讨（与科学共同体、科学传播、科学教育的关系及社会意义，对应"scientific culture""science culture""culture of science""science as culture"）、研究路径（如文化工具、人类学方法，对应"science as culture"）以及实践应用（科学文化指标的制定与应用，对应"science culture"），这三个部分两两关联、相互影响（张一鸣，张增一，2021）。

张一鸣和张增一（2021）以探讨"科学文化"与科学传播的关系为例进行说明：深入考察"科学文化"的传播情况（关系探讨），有利于从人类学的研究路径探索其特殊性和本土化特征，即在关注实验室研究与"科学文化"的关系的同时，结合传播主体和受体，研究在其生存的文化环境中是如何理解"科学文化"的（研究路径）。结合国内科学传播实践经验（实践应用），加强"科学文化"的基础理论、框架和研究方法等研究，为"科学文化"建设与传播提供理论指导和思路（研究路径），也有利于借鉴国内外学者已有的研究成果（关系探讨）。如已成功应用的科学文化指标（SCI）体系，分析其优势与不足，建立一套本土化的科学文化指标体系，检验和评价我国"科学文化"建设与传播的效果（实践应用）。"科学文化"结构包含的三个部分（关系探讨、研究路径和实践应用）会通过文化行为组成一定的脉络结构，例如科学共同体、公民科学素养中体现出的"科学文化"；科学传播协助人们理解"科学文化"乃至本土文化；通过指标的制定来探讨社会视角下的科学与文化。

"科学文化"可以被划分为由科学产生的文化、以科学为手段的文化、适宜于科学社会化过程的文化，这些文化行为的总和，就是我们认为的"科学文化"的概念范畴。我们将文化的结构（文化四层次）借用到"科学文化"的结构上并进行猜想，如果将"科学文化"的各种文化行为视为个体，将"科学文化"的整体含义视为前述个体集合成的群体,那么,依据这些文化行为间的前述关联和影响,或许将构成"一系列处理个体与个体、个体与群体、群体与群体的相互关系的准则",这样的准则将参与构成"科学文化"的脉络结构,可以视为"由人类在社会实践中建立的各种社会规范"(张岱年,方克立,2013),进而形成"科学文化"的制度文化层。

文化四层次中,心态文化层包括了基层意识形态和高层意识形态,科学属于高层意识形态(冯天瑜,1988),可以说,科学是文化的核心组成部分,"科学文化"结构的核心应属于心态文化层。至此,我们可以看到"科学文化"的一种完整结构:从外向内,依次为物态文化层、制度文化层、行为文化层、心态文化层。物态文化层由科学和文化相关的各种器物基础组成,该文化层是整个"科学文化"结构的基础;制度文化层由"科学文化"的多重含义(关系探讨、研究路径和实践应用)组成;行为文化层由两两相关的多重含义互相影响而形成的文化行为组成;心态文化层是"科学文化"结构的核心,由科学与文化的价值观念、思维方式、审美情趣等重要因素组成(张岱年,方克立,2013)。

1.1.4 科学文化构建逻辑

目前"科学文化"的含义众说纷纭。主流认识有三条路径:一是将其理解为科学共同体的科学精神和科技哲学视域的文化;二是从亚文化视角将其看作科技领域所创造的一种独特的文化形态;三是认为其是支持和规范科学的制度环境和社会氛围的价值体系与行为。

关于科学文化研究中到底应该涉及哪些重要的议题,劳斯(J. Lawes)在《参与科学:如何哲学地理解科学实践》中提炼并确立了关于科学的反本质主义、非解释性地涉入科学实践、强调科学实践的地域性和物质性(尤其强调科学在文化上的开放性)、颠覆而不是反对科学实在论或认为科学是价值中立的观点,致力于从科学文化内部对科学进行认识论和政治学的批判

等议题。基于上述的范畴刻画,本书认为关于科学文化内涵的理解可以归纳如下:

科学文化是基于科学相关的文化,是依托于科学产生的文化,也是人类对科学本身的认识、利用,以及在这一过程中创造的精神的、行为的、社会的和物质的文明生活的内涵。

严格而言,科学文化是近代科学的产物。虽然有学者说科学文化可以追溯到远古时代,但"科学文化"这个概念是到20世纪才被明确提出的,其逻辑可以从三个方面进行理解:

(1) 将科学作为与文化一样的一种独立的社会现象。作为近代文艺复兴时期代表性的思想家,培根敏锐地指出科学的社会功能,认为科学"真正的、合法的目标是把新的发现和新的力量惠赠给人类生活"。

(2) 将科学作为一种独特的文化现象和文化行为。科学的快速发展不仅给人们带来丰富的物质生活,还为人们的发展拓展了精神空间。科学技术在造福人类的同时,也给人类带来了诸如环境、战争以及生活中的种种负面效应,在某种程序上破坏了人类赖以生存的物质发展基础条件。因此,众多学者将科学纳入文化的范畴进行研究,以期从文化的视角找到解决这一深层矛盾的办法和途径。

(3) 将科学文化作为与人文文化相对应的概念进行研究,这也是目前认同度最高的逻辑认知。查尔斯·珀西·斯诺(1905—1980,英国小说家)于1957年提出"两种文化"概念并写作《两种文化》(科学文化与人文文化)一书,其对两种文化的认识经历了一个从知识形态角度转向哲学认识论分析和社会价值论分析的进程。

从知识形态角度而言,如培根把"心灵的能力"分为记忆、想象和理性三种,这就意味着记忆与想象更接近于人文文化,属于弱理性活动领域;理性被视为科学文化的核心特征,属于强理性活动领域。

从哲学认识论而言,具有"抽象物质的"性质的科学,与体现人类理想、感性、意志、审美等本性的人文,两者在马克思看来在异化的社会里是对立的,而随着对社会关系的改造,自然理性也将恢复它属于人本的性质。

从社会价值论区分而言,科学是价值中立,而人文是价值评价(理性)。如李凯尔特(1863—1936,德国哲学家)在《文化科学与自然科学》一书中提出:从研究性质看,文化科学是评价性的,而自然科学不是;从研究目标看,自然科学以把握普遍规律为目标,文化科学以个别事物的描述为目标;从研究方法看,自然科学所采用的方法是简化现实,形成普遍的概念,而文化科学倾向于描述一次性的个别事件。

1.1.5 中国科学文化生态的运行机制探索

科学文化是一种基于特定语境存在的连续时间轴上的科学实践组织,它承认科学作为一种地方性知识的合理性,同时为科学实践的转向提供了逻辑可能性和现实必要性。科学实践的文化建构旨在超越主体与客体、自然与社会、事实与价值之间的二元对立,并解决维持其自身秩序的不确定性异质化运行机制,这样,科学实践就能够被纳入更广泛的整体文化冲突中,并被视为一种文化存在形式,具备文化的本质属性和现实特征。科学本身作为一种文化存在,是朴素而崇高的,它根植于生活世界并对人类文化产生影响。科学文化的培育过程既是人类认知空间和实践领域不断扩展和延伸的过程,也是人类在追求理性之路上完善自身本质善的过程,科学文化描绘的意义图景深深地嵌入人类生活世界,并成为重新定义人类生活世界的一部分。因此,将科学推向文化的原初状态,强调科学文化在人类文化体系中的平等性和互补性,澄清科学作为文化存在的一般性价值,对认识科学文化的本质内涵具有重要意义(毕吉利,刘旭东,2022)。

近年来,研究人员在中国对科学文化和人文文化进行了深入的研究,将对这两种文化的探讨提升到建立科学文化学的高度。当前,人工智能技术方兴未艾,产业融合前景广阔,这场技术变革正在深刻地改变人类生产方式和生活方式,人工智能时代的科学文化显然是一个贯穿政治、经济、文化、社会的全领域、世界性课题。2023年12月18日,韩启德在第三届中国科学文化论坛的讲话中说道:"2023年以来,以大模型、生成式人工智能为代表的技术集群,成为全球社会共同聚焦的现象级话题。仅在一年时间里,人工智能技术已经对产业模式、社会结构、国际关系,甚至人类的基本生产、生活秩序产生了重大影响。这不禁使我们联想起人类文明史上已经多次发生过的技术引发制度变革,重塑社会文化,进而促生全新文明形态的实例。参照历史经验,我们当下或许也正在经历着一场以泛数字化、智能化为特征的文明递变,于是一个面向未来的科学文化建设问题,以更加艰巨而紧迫的任务形态展现在我们面前。进入人工智能时代,科学技术的发展将会如何影响科学文化?科学文化能否继续在价值层面引领科技向善和以人为本?科学文化需要怎样发展来适应新的科技生态?"

通过综合文献观点,我们认识到科学文化具有独特的运作机制,并且深刻地渗透到社会生活的各个方面。目前的研究重点主要集中在科学文化和人文文化的融合上,可以说,两种文化的融合是当前的一个研究议题,是一个不断发展的过程,也是通向未来的目标。因此,有必要明确界定两种文化在融合领域中各自的内涵和特征,以及它们各自独特的社会功能,这样才能更好地促进文化融合。

1.2　科学文化生态培育的当代价值

1.2.1　平台聚合价值

在智能媒体发展的背景下,新技术如5G、虚拟现实、人工智能和大数据的发展已经显著地改变了公众获取知识和共享文化的途径和体验方式,这些新技术为人们提供了全新的渠道和方式来接触和参与科学文化。

第一,5G 技术的普及使得网络连接更加快速和稳定,为人们提供了浏览科学知识和文化内容更便捷的方式,人们能够通过移动设备随时随地获取信息、浏览科学文章、观看科学视频和参与在线科学交流。

第二,虚拟现实技术为公众提供了沉浸式的科学体验。通过虚拟现实技术,人们可以身临其境地探索科学实验、参观科学展览,甚至参与虚拟实验室和科学项目,加深对科学原理和现象的理解。

人工智能和大数据在科学文化领域的应用具有重要意义。人工智能可以通过智能推荐算法和个性化服务,向用户提供定制化的科学知识和文化内容;大数据的分析和挖掘能够从海量数据中发现科学领域的趋势和规律,为科学研究和科学教育提供支持。

在这一背景下,科学文化的价值链建设已经从单一线路的构建转变为多线交互的路径,替代传统的线性知识传播模式的是多元化的信息传播渠道和交互方式。人们可以通过社交媒体平台、科普应用程序、在线教育平台等多种途径获取和分享科学知识,与科学家和科学爱好者进行互动和讨论。

整合式的、立体化的、升级的信息传播要素正在经历叠加、重组、交融甚至再创造的颠覆性进程。传统的文字、图像和声音已经融合到新媒体形式中,例如视频、虚拟现实和增强现实,以创造更丰富、更生动的科学传播体验;同时,社交互动、用户生成内容和个性化服务等元素也催生了更多创新的传播方式和体验。

总的来说,智能媒体背景下的科学文化面临着巨大的变革和创新机遇,新技术的发展为公众提供了更广阔的知识获取和文化共享的平台,科学文化的传播和体验方式也变得更加多样化和个性化。然而,这种变革也带来了挑战,需要不断探索和适应新的科学传播模式和价值观念,以确保科学文化的可持续发展。

1.2.2 身份认同价值

人工智能时代,从微信、微博话题延时互动到短视频,直播平台的即时互动,社交自媒体所带来的点赞、留言、评论、转发乃至生成内容、个性化推荐等功能,从根本上改变了传统大众传播的单向对话模式。这种变化也影响了科学文化的建设方式,使其不再局限于科学共同体和科学家群体,一些个人开始利用社交自媒体开放共享的平台属性,输出专业的科学文化知识。例如,知乎的知名用户"Mandelbrot"、科技自媒体运营者"赛先生"和"深科技"等,利用这些平台分享多元的科学文化知识。

一些企业开始打造科学文化传播品牌,如今日头条的科技版等。这些企业通过自媒体平台传播科学文化内容,为公众提供科学知识和信息。话语权的下放使得普通大众拥有了更多发表言论的机会和权利,这种互动和开放的言论空间为科学共同体和大众之间的对话搭建了桥梁,让公众在科学文化生态圈中实现了身份认同。

社交自媒体的兴起使得科学文化的传播方式发生了根本性的变革,个人和企业可以利用这些平台输出科学文化知识,与公众进行互动和交流,公众也通过社交自媒体平台获得了更多参与和发表意见的机会。这种变化为科学文化建设带来了新的机遇和挑战,同时也促进了科学共同体和大众之间的互动与认同。

1.2.3 创新文化价值

新媒体的普及使全民参与科学讨论成为可能,同时也深刻地影响了科学信息的传播方式,科学信息的传播渠道已不再单纯依赖电视、报纸等传统的媒体形式,智能融媒体正在重构新型的科学文化场域。网络电视科学频道,科技类应用程序、小程序应用以及社交化网络媒体(如知乎、一直播、梨视频、哔哩哔哩)等已经成为重要的科学文化内容传播渠道。

通过数字化手段和多媒体的融合,文字、声音、图像、视频等各种形式的内容被综合利用,传统媒体如报纸、电视、广播、杂志与新兴媒体如手机、平板、可穿戴设备等移动互联智能终端相结合。这样一来,科学文化相关的要素和内容可以嵌入到丰富的数字人文情境中,呈现更加综合、丰富的传播效果。

通过智能融媒体的应用,传统媒体和新兴媒体的叠加使用,以及数字化手段和多媒体的融合,科学文化得以在丰富的数字人文情境中传播,实现了更加综合和丰富的效果。这种发展为科学文化的传播提供了新的机遇和挑战,实现"1+1>2"的螺旋上升效果,形成了科学文化的"创新文化场域"。

1.3 科学文化生态的前瞻价值

在深度科技化的社会语境下,科学技术融入并重塑人类公共生活和道德秩序,科学、技术与社会之间呈现出一体化的发展态势——科学、技术、社会、文化之间已形成一张"无缝之网",而且我们已经一只脚跨进了以 ChatGPT 等软件为代表的"人、机、物"三元融合的万物智能互联时代。与此同时,人类文化扩散方式发生了颠覆式的改变,科学文化生态随之发生转变,科技"唯新"加速科学文化从狭义的两种文化对立转化为渗透于科学知识结构、组织制度和精神场域的文化。科学文化生态也扩散为涵养人的精神、指向精神命脉的生态体系,但这种文化逐渐从人本文化变成了人"物"相联渗透的文化生态,成为科技体在实践路径上的文化向度。人工智能技术一旦到达通用阶段,人类将有可能进入所谓的后真相时代,由"我思故我在"(I think therefore I am)变为"我信故我对"(I believe therefore I am right),这不仅是底层哲学命题,还会彻底挑战当前科学文化赖以建构的一些根本性的价值基础。

　　文化是什么？在人类知识发展史上是以多样性诠释著称的概念体系,同时也是所有文明体在实践路径上呈现十分丰富化选择的做事方式。德国文化学派提出:文化即是我们为了自身和子孙后代的幸福所做出的一切设计。当然,幸福是所有人的心愿,目的是追求所有人的权益,但能否为自己或后代谋得幸福或一种"好的"结果,却不是容易的,要看设计的水平和实践操作的水平。科学文化生态作为立足于科学指向人存在意义和价值实践的万物相连文化,不仅是滋养社会发展的重要源泉,也是世界文化激荡中指引人类稳步前行的精神旗帜。

第 2 章
科学文化生态发育历程与演化路径

　　科学文化活动对科学进步、社会发展和公众生活有着十分重要的影响,科学文化的传播也离不开科学文化活动的扩展。研究科学文化的演变历史,深入考察不同时期科学文化的内容、模式和方法,对改进当下的科学文化实践模式,促进科学文化的传播大有裨益。

　　科学文化是与科学技术活动紧密相连的文化现象,自科学诞生的那一刻起,就已经开始与文化密切相关。今天,无论是科学共同体之间的交流,还是面向公众的知识普及和技术推广,科学文化已经成为"后学院科学"时代科学共同体、政府、产业以及公众之间沟通的重要桥梁。科学和文化有着密不可分的关系,科学与文化彼此交融、难解难分,科学文化作为文化的子系统而存在。与文化的分解层次相对应,科学文化也可以分为器物、制度和精神 3 个层面,具体内容包括科学知识、科学思想、科学传播、科技体制与法规、科技道德及科学精神等方面,其中核心的是科学知识、科学思想和科学精神。

　　当代语境中的科学文化主要是以公众理解科学的理念为核心,通过一定的组织形式、传播渠道和手段,向社会公众传播科学知识、科学方法、科学思想和科学精神,以提升公共的科学知识水平、技术技能和科学素养,促进公众对于科学的理解、支持和参与(任福君,翟杰全,2012)。另有学者认为,科学文化是把人类研究开发的科学知识、科学方法以及融于其中的科学思想和科学精神,有意识、有组织地通过多种方法、多种途径传播到社会的方方面面,使之为公众所理解,以此来开发公众智力、提高公众素质、培养人才、发展生产力,并使公众有能力参与科技政策的决策活动,促进社会的物质文明和精神文明建设(居云峰,2010)。纵观科学传播史,无论在哪个时代,科学文化都不是一个简单的措施或概念,而是科学技术与公众之间互动的"过程",这个"过程"漫长而复杂。

目前,学界普遍认为科学共同体文化生态构建的历时性演化可以分为3个阶段:"传统科学普及""有限开放阶段""开放创新阶段"(吴国盛,2004)。从传统科学普及、有限开放阶段到开放创新阶段,不仅是科学共同体文化生态构建模式的转变,更是从科学家向公众单向地传播知识,到政府、科学家与公众共同参与科学活动的社会进步。每个阶段的出现都体现了当时科学文化发展和传播的情况,不同时期的科学观也在很大程度上决定了传播者对科学传播内容的认识和科学传播方法的应用,新的科学传播活动的出现则更进一步促进了科学文化的传播。

2.1 传统科学普及范式下科学文化基因的孵化

传统科学普及是指将科学知识与技术大众化的过程,这是历史上首次有组织地进行科学传播活动的阶段。传统科学普及的兴起与当时的科学发展有着密不可分的关系,并且传播方式受当时"唯科学主义"科学观的影响,许多西方科学家对科学的狂热甚至超过了对上帝的崇拜,将科学推向至高无上的地位成为当时的主流科学观。贝尔纳(1982)在其著作《科学的社会功能》中表明,虽然这一时期人们并没有注意到科学的社会功能,但已明显地感觉到科学的功能便是造福人类,他这样描述18—19世纪的科学观:"他们当时也认为,科学既是人类智慧的最高贵的成果,又是最有希望的物质福利的源泉。"

在18世纪和19世纪的两次工业革命中,人类的生活经历了从手工时代到蒸汽时代再到电力时代的巨大飞跃,科学技术的发展推动了生产方式和生活方式的变革，给人们的生活带来了巨大的影响。从约翰·凯伊（John Kay）1733 年发明飞梭到詹姆斯·哈格里夫斯（Janes Hargreaves）1767 年发明珍妮纺纱机，30 年间人类不仅将纺布的速度提高了 40 倍，同时还提高了纺纱的效率。而仅两年之后，理查德·阿克莱特（Richard Arkwright）发明的水力纺纱机则将纺纱带入了工厂化时代（马嫚，1993）。

在这一时期，科学在社会中的地位得到了提高，并且开始建立系统化的体系，在政府的支持和科学家的热情投入下，科学取得了巨大的发展。科学的建制化也推动了科学传播活动的建制化，传播科学的角色从个别的科学爱好者转变为有组织、有纪律的科学普及团体。1831 年英国科学促进会的成立标志着传统科学普及时期的正式开始，科学传播活动进入了体制化的阶段。同时，第二次工业革命已经完成，西方国家的政府开始意识到科学不再只是少数科学家口中晦涩难懂的定理和公式，科学的发展可以改变生产方式，为生活带来实际的好处和利益。随之而来的是科学的社会地位得到了认可，科学研究得到了更多的资源和支持，科学传播活动也得到了组织和规范。通过科学普及团体的努力，科学知识得以更广泛地传播给大众，促进了科学与社会的互动和交流，政府的参与和支持则进一步推动了科学的应用，使科学技术成为改变生产方式和提升生活品质的重要力量。

由于科学的发展，人类的生活经历了质的飞跃，科学的工具性和功利性在这一时期被放大到极致，各个国家开始注意到科技发展的重要性。尽管技术在改变人类生活方面起到了重要作用，但科学家的主要研究对象仍然是自然科学，技术只被视为科学的应用。科学传播者受到科学的功利性和工具性影响很深，将科学视为解决人类问题的完美工具，并通过大规模的宣讲向公众传授科学知识，宣传科学的益处。19 世纪下半叶出现了有组织的科学普及活动，这些活动以用浅显的语言向公众普及科学知识的方式为主，特别是在两次工业革命完成之后，宣传科学的实用价值成为科学传播的主要内容。

2.2 有限开放阶段科学共同体的公众理解科学实践

到了有限开放阶段,科学传播者已经由先前对科学崇拜的科学家或科普团体转变为国家层面发力,而科技的发展此时已经成为综合国力竞争的重要因素之一,"曼哈顿计划"的成功使各国政府认识到科学已经进入一个新的时代,并纷纷推出了各自的大型科学项目。然而,这些项目的实施需要大量的资金支持,这时公众的支持对一个国家的科技发展和方向起着重要的作用。因此,政府和科学家开始重新思考公众在科学中的作用,特别是大型科学项目,仅仅依靠专家和科学家的努力是不够的,需要争取公众的理解、支持和参与。公众的意见和态度可以影响政府的决策和科学项目的资金拨款,因此他们的参与变得至关重要。在这一背景下,政府和科学家开始更加注重与公众沟通,科学传播活动变得更加注重使用通俗易懂的语言和方法,以便将科学知识传达给更广泛的受众,公众科学教育和科普活动得到了加强,旨在加深公众对科学的认知和理解,培养公众的科学素养。此外,政府也开始重视公众参与科学决策的重要性,一些国家建立了科学咨询机构或委员会,以便公众能够参与到科学政策的制定过程中,公众的意见被视为重要的参考,以确保科学发展符合社会的期望和需求。因此,"曼哈顿计划"的成功推动了政府和科学家重新思考公众在科学中的作用,从而更加重视公众的支持和参与,以确保科学发展与社会需求相一致。

另一方面,科学的发展确实暴露出了一些危险和不确定性因素,特别是在环境方面的影响,这引起了公众的关注,并对科学的完美性和无误性产生了质疑,从而导致了信任危机的出现。公众开始怀疑科学家是否受到政府利益的影响,不再认为他们是客观的,在一系列由科学引发的争议事件发生之后,公众形成了从自身立场出发的科学观,而这种科学观并不利于政府对于大型科学项目的计划和实施。公众对科学的质疑和不信任使得政府需要更加注重公众参与和沟通，以增加信任和透明度。政府和科学家需要更加重视科学的道德和伦理问题，并确保科学发展符合公众的期望和价值观。在面对公众的不信任和质疑时，政府和科学家意识到应该积极回应公众的关切，提供更多的信息和证据，解释科学的风险和不确定性，并采取必要的措施来减少负面影响。此外，加强科学沟通和科学教育也变得更加重要，有助于加深公众对科学的理解和提升公众的科学素养，从而增强公众对科学的信任。因此，科学的危险和不确定性以及公众对科学的不信任对政府的大型科学项目计划和实施产生了挑战，政府和科学家需要以更加开放和透明的方式与公众互动，建立信任和共识，以确保科学发展与公众的期望和利益相一致。

"自从广岛事件以来，'有个越来越强烈——即使是模糊的——感觉：科学正在失去控制'。原子弹是转折点，因为它强调了考虑科学的道德性的必要。"（布洛克斯，2010）确实，人们已经开始意识到科学和技术的发展不仅仅等同于社会和经济的进步。他们不再认同对知识的追求和获取本身具有足够的价值，以至于可以将大量资金投入基础研究，这种观念的改变可能是一系列因科学引发的争议事件和环境问题引起的。公众开始更加关注科学的社会影响和伦理责任，他们认为科学发展应该服务于社会的需求和价值观，因此，政府在推动大型科学项目时需要更加关注公众的期望和利益。政府和科学机构应该更加注重科学的可持续发展，确保科学研究和技术创新能够解决社会面临的现实问题，并促进社会的整体进步和增加全民福祉。这也意味着政府可能需要重新评估资金分配的优先级，将更多的资源投入解决紧迫的社会问题和挑战上，而不仅仅是基础研究。同时，加强与公众的沟通，提高公众的参与度，建立科学决策的透明度和民主性，这些也是重要的举措。总之，人们对科学的观念已经发生变化，不再将其视为自身追求和价值的唯一来源，这对政府的大型科学项目计划和实施提出了挑战，需要政府更加关注公众的声音和需求，将科学发展与社会价值紧密结合起来。

1986年，英国成立了公众理解科学委员会（COPUS）。委员会由英国皇家学会、英国皇家研究会和英国科学促进会共同组成,任务是制定"公众理解科学"的战略,使"公众理解科学"成为科学家的一项基本技能,并开始群团化实践。随着公众对科学的关注和对科学的信任危机,政府开始将"公众理解科学"纳入考虑层面,在这种背景下,一些国家开始开展本国范围内的"公众理解科学"运动,旨在提高公众的科学素养和促进公众对政府科学项目研发经费的支持。这些运动采取了一系列增加公众科学知识的活动,这些活动可以包括科学展览、科学讲座、科学传媒报道、科学教育课程等,旨在向公众传递科学知识,激发公众对科学的兴趣,培养科学思维和批判性思维能力。通过这些活动,公众可以更好地理解科学的价值和作用,认识到科学对社会和个人的重要性,并且能够更加理性地参与到科学决策和科学发展中来。总之,"公众理解科学"运动的诞生是为了提高公众的科学素养和促进公众对政府科学项目研发经费的支持,政府希望通过增加公众的科学知识和提高公众的科学意识,与公众加强互动和合作,建立信任和达成共识,从而推动科学的可持续发展和社会的整体进步。

在有限开放阶段,"公众理解科学"的出现旨在解决公众对科学的疑虑和缺乏支持的态度,与传统科学普及的出发点和落脚点完全不同。传统科学普及模式旨在让公众接触科学的概貌,而"公众理解科学"模式则是政府在大科学时代的压力下,希望通过展示科学的真实面貌来赢得公众对科学研究的支持和理解。传统科学普及的主要目的是让公众欣赏科学的完美,并崇尚科学的美好;而"公众理解科学"的目的是通过增进公众对科学的理解来促使他们支持科学政策和科研经费的投入。"公众理解科学"的出现并没有取代传统科学普及,在基础教育和知识普及方面,传统科学普及仍然发挥着独特的作用。在有限开放阶段,"公众理解科学"的出现旨在消除公众对科学的疑虑和不支持的态度,以获得公众对科学研究的支持和理解;同时,传统科学普及仍然具有重要作用,通过让公众欣赏科学的完美来促进科学意识的提高。这两种传播模式共同构建了当代科学传播的基础,各自基于不同的出发点和落脚点,在科学传播领域共同发挥重要作用。

一系列的公众理解科学活动在一定程度上增进了公众对科学的认识和

理解，公众在了解科学真相后形成了自己的科学观，然而，这种科学观导致他们对科学家和代表政府利益的传播者的信任降低，因此，公众开始寻找除了官方传播渠道之外的科学信息来源。现代信息技术的革命，尤其是互联网的兴起，极大地方便了公众参与各种社会活动，使得公众参与科学变为可能，并逐渐常态化。除了接受传播者引导和预设的信息外，公众开始自发地寻找获取科学信息的途径，并在各种平台上表达自己对科学事件和科技政策的态度和看法。科学已经从书本知识和实验室操作转变为公众日常生活实践的一部分。

2.3 开放创新阶段科学共同体的协同共生文化生态

"后学院科学"（post-academicscience）是齐曼（2008）在《真科学》一书中提出的核心概念。我们通常所说的"学院科学"，是在拿破仑时期成型的学术制度，19世纪被移植到德国并得到完善。经典的科学哲学家（如维也纳学派）和科学社会学家（如默顿学派）都把"学院科学"理解为"原型科学"（proto-science）（盛晓明，2014）。到了20世纪，科学研究涌现出了3种新的活动模式——大科学、产业科学和跨学科研究，这种多元的局面被称为"后学院科学"。

进入"后学院科学"时代，科学已不再是少数人专属的工具，公众也不再是被动接受的对象，即使是普通人，每天也都与科学密切相关。21世纪以来，电子和信息技术的广泛应用引发了一场新的科技革命，互联网技术的普及和移动网络的发展使人们的生活进入了信息化时代。互联网的普及让所有信息近在咫尺，公众获取信息的来源和渠道也变得更加多样化，不同的信息传播途径极大地促进了公众对科学事务的参与，使其参与科学议题变得更加迅捷和便利。在互联网发展的推动下，公众由被动地接受科学知识转向主动参与和实践,形成了一种协同共生的文化生态圈。

在"公众理解科学"时期,公众对科学形成了自己的态度。如今,公众通过主动参与和实践,主体意识被完全唤醒,公众希望能够直接表达自己对科学的态度和疑问,并积极参与科学活动。对于公众来说,科学不再是晦涩的理论知识或政府决策的领域,科学已成为生活的一部分,从传统的通信方式到电子邮件,从自然作物到有机食品,从纸质媒体到新媒体资讯,科学在各个方面悄然改变着人们的生活方式。此时,公众也不再对科学漠不关心,他们积极学习科学知识,了解新兴科学领域,购买最新的电子产品,通过自己的行为和实践表达对科学的好奇和热爱。

2002年,英国皇家学会发布了《科学与社会》报告,提出了一种新的传播模式,即"公众参与科学"。与"公众理解科学"不同,尽管传播内容和目的没有太大变化,但由于公众对科学观念的改变,科学传播的形式必须相应做出调整。"公众参与科学"为公众提供了直接面对面的交流平台,使他们能够直接表达态度、提出疑问,并即时有效地获得解答。一些西方国家已经采取了新的传播活动,例如"共识会议"和"科学听证会",并取得了显著的效果。许多欧洲国家(如英国、法国、瑞士、荷兰、挪威、德国、奥地利)以及日本、韩国、澳大利亚、新西兰、美国和加拿大等国都举办过各自国家的共识会议。根据不完全的资料统计,全球范围内的共识会议的发展状况远不止于此(刘锦春,2007)。

随着新媒体和自媒体的兴起,公众通过微博、网络论坛、博客等社交媒体平台传播自己对科学的观点和态度,这逐渐成为"公众参与科学"讨论的重要方式。科学传播活动中传播者和接受者之间的界限变得模糊,公众不仅是科学传播活动的接受者,还成为自己消化过的知识、态度和疑惑的传播者。这种模糊的界限给科学传播活动带来了前所未有的挑战,因为开放的传播平台也为一些不利于科学发展的伪科学和反科学观点提供了发声渠道。然而,并非所有公众参与都带来对科学政策的抵触情绪,公众的不满和恐惧更多地源于对科学领域的未知,以及一些媒体为追求阅读量和点击率而误导公众的断章取义、夸大事实的报道。当公众真正参与到科学项目中,亲身感受到其带来的好处和功能时,他们的态度就会发生改变。例如,"高铁争夺战"在某些地区的爆发就是一个典型的例子,当民众亲身感受到高铁对所在城市的发展、经济提升、生活便利以及相关产业链的带动时,他们自然而然地选择支持,甚至强烈要求在自己的家园建设这样的大型科学项目。公众的参与不仅影响着他们对科学的看法,还影响着他们对科学议题的支持程度。

在开放创新阶段,科学已经成为一个多元化的公共活动,吸引着各种主体的参与。与过去作为传播受众的公众相比,现在公众可以通过多种途径主动获取科学知识并表达自己的观点。这种变化在很大程度上改变了传统的单向知识传播模式,也形成了科学共同体协同共生文化生态,极大地促进了科学文化的传播。科学文化中重要的开放科学(open science)由发端于几十年前的开放数据(open data)与开放获取(open access)演变而来。随着人工智能、大数据、5G 等信息和通信技术的快速发展,以及"后疫情时代"的到来,开放科学成为当前科技创新发展的必然趋势。一方面,大量的科技议题进入公众视野,引起诸多热点和争议,迫切需要向公众进行科普宣传,促进科学界与公众的良性交流与互动;另一方面,公众也逐渐参与到科技创新活动的过程中,需要在实践过程中渗透科学普及工作。美国的《开放科学规划》、欧盟的开放科学云计划、德国汉堡的开放科学平台、中国发起的 OSID 开放科学计划等,各国和国际组织都在积极推动开放科学。2021 年 11 月,联合国教科文组织发布《开放科学建议书》的主要目标中,不仅指出要促进对开放科学及相关惠益和挑战的共同认识与实现开放科学的多样化途径,还强调厚植开放科学文化,协调统一开放科学的激励措施。《开放科学建议书》的发布标志着开放科学运动在全球兴起。

迈向人类文明新形态阶段,人类社会已经成为事实上的命运共同体,人类的生存方式发生了质的变化,文明也显示出新的形态。中国式现代化正在创造人类文明新形态,这一文明新形态具有开放性、包容性和进步性等特质。这一文明新形态深刻地体现出价值取向,深刻地影响着人类生产方式和生活方式,也影响着科学文化发展。胸怀天下、立己达人的人类命运共同体的文明新形态,其总系统由经济、政治、文化、社会、生态5个子文明系统构成,人类文明新形态总系统从根本上决定着5个子文明系统的发展方向和前途命运,脱离了人类文明新形态总系统,任何子文明系统都会变得无所适从。开放性是系统必不可少的重要特征,但在人类文明新形态发展过程中,在产学研一体化理念的支配下,知识探索、技术研发和实践应用之间似乎不再存有时间间隔,许多专业领域科技创新即意味着实践突破。科技创新无止境的迅猛突破、科技创新与生产生活实践无间隔甚至共时性的推进,必然造成科技异化的风险,因为其间弱化甚至略去了技术应用前的风险评估和善恶省思,表现出一种无所顾忌、铤而走险的状态。在深度技术化时代,人与技术的深度互构催生出有别常态的"非常伦理形态",即人—技术—人(群体)的伦理关系和人—技术—物(世界)的伦理关系,科技伦理问题冲击着科技文化发展,这一势态要求科学文化必须基于选择伦理与感性重建反思自身。

在科学技术日益成为社会生产和生活的重要元素和支柱的今天,理性地反思科学文化的历史进程以及当代科学文化的特性,对当前科学政策和文化发展战略尤其是推动科学文化的宣扬有重要的启发意义。随着科学技术的快速发展,不断涌现出新的发现、新的思想和新的学科,一次又一次的科技革命浪潮深刻地改变着社会的面貌和发展形态,同时对人们的生活方式和思想观念产生了巨大影响。因此,我们必须意识到科学文化的重要性,并且重视科学文化在引领和塑造社会方面的作用。

第3章
科学共同体科学文化生态培育的当代实践

3.1 中国科学文化建设历程

3.1.1 经典科学传播时代的科学文化制度建设

中国古代传统科学孕育于春秋战国,确立于汉代,至宋元时期达到鼎盛,明代开始萎缩衰落。明末清初,西方传教士来到中国,西方科学技术知识开始传入中国。1860—1890年,在"中体西用"理论指导下,洋务运动推动中国跨入近代科技时代。1898年6—9月,近代科学方法论中的实验方法和逻辑方法在戊戌时期得到传播,"科学"一词正式在中国出现。

在救亡图存的历史主题下,中国早期的科学共同体承担起了科学传播的任务。由于尚未形成正式的科技体制,此时的科学传播活动主要在先进知识分子内部进行,仅是一小部分人的科学意识的"觉醒"。中华人民共和国成立后,随着人民政权的科技体制正式建立,科学传播活动得到了有序发展,传播的受众范围不断扩大、方式日益多样,公众对科学文化具体内涵的理解也由浅入深。

3.1.1.1　1914—1949年，科学共同体开创中国科普的先河

1914年中国科学社成立，1915年《科学》杂志创办。中国科学社以定期进行演讲、举办科学展览、邀请外国专家进行演讲等形式进行科普。自此，中国第一个具有社会学意义的科学家群体出现，中国进入了以科学家和知识分子为传播主体的科普活动阶段。

"新文化运动"时期，严复翻译《天演论》《国富论》《法意》等西方著作，进一步传播生物进化论、社会学、经济学等领域的科学知识。陈独秀等人于1915年9月15日创办《新青年》杂志，申明"我们相信尊重自然科学、实验哲学，破除迷信妄想，是我们现在社会进化的必要条件"。胡适积极促进美国与中国的学术交流，邀请约翰·杜威给中国学生做了大约200场讲座，将抽象的科学拟人化为"赛先生"，对当时中国思想界产生了很大影响。

1932年中国科学化运动协会成立，开展了中国科学化运动，并于1933年创办《科学的中国》杂志。协会通过创办杂志、发表文章、推荐名人学者在中央广播无线电台对重要的科学问题发表演讲，结合经济、百姓生活等具体问题对科学知识进行讲解。

此时期，中国各阶层的知识分子以及学术组织、社会团体都纷纷加入了向大众普及科学的行列。由于科学研究还没有成为一种专门的职业，这些科学技术组织形成的是一种民间性的松散的科学组织，至1928年中央研究院成立，中国近代科学体制才正式确立。

3.1.1.2　1949—2002年，大科学体制下的政府科普阶段

1. 1949—1958年，以科普宣传、组织建设为主的科学文化建设

围绕国家经济文化建设，强调为政治和对敌斗争服务，科普工作重点在我国大中城市展开，工人和干部为主要普及对象。

中华人民共和国成立后，人民民主政权的建立推动人民科学的发展。第一，进行了科技体制的改造，建立起以中国科学院为中心、政府各部门和

高校科研机构为辅助的科技新体制。第二,形成了"人民文化观"。1949年9月,具有临时宪法性质的《中华人民政治协商会议共同纲领》提出:"中华人民共和国的文化教育为新民主主义的,即民族的、科学的、大众的文化教育。"1950年8月18—24日召开的中华全国自然科学工作者代表会议,决议成立"中华全国科学技术普及协会",推动了科学界的大团结。

科学工作者在科普协会的旗帜下,配合当时国家的中心任务,如"抗美援朝"运动、爱国卫生运动、工业化建设、向科学进军等,展开了广泛的、形式多样的科普宣传活动,如讲演科学、放映幻灯片、出版发行科学小册子和创办科学期刊,以及建立科学馆进行各类科学展览。

2. 1958—1966年,大科学体制形成

科学普及工作的重点已经从大中城市转向了广大农村地区。为了与实际生产实践相结合,科普工作采取了技术上门活动和群众性科学实验运动等主要形式。

1958年9月,中华全国科学技术普及协会与中华全国自然科学专门学会联合会合并为中华人民共和国科学技术协会。科学技术协会的基本任务是在中国共产党领导下,密切结合生产、积极开展群众性的技术革命运动,政治化科学观由此形成。1958年11月23日,国家技术委员会和国务院科学规划委员会合并为中华人民共和国科学技术委员会,中国式集中型的"大科学"体制确立。国家成为科技活动的唯一主体、投资者与受益者,科技活动由国家意志支配,科学技术成为实现国家目标的手段。

自1959年起,省市级科学技术协会通过协调学术界、科研机构、生产部门和教育部门的科技人员,积极开展将技术直接传递到工厂和农村的技术上门活动。同时,农村科学实验活动也在蓬勃开展。

3. 1966—1976年,停滞时期

此十年间,科普出版机构被撤销,大批科普刊物被迫停办,科技工作者及科技团体的各级组织遭到不同程度的破坏,我国科普事业处于停滞时期。

4. 1977—1995 年,科技发展完成经济动力转向

这一时期,"普及科学知识,推广科学技术,使科学家的科研成果转化为生产力"的传统科普观形成。

1977 年中共十一届三中全会召开,作出了把全党工作重心从"以阶级斗争为纲"转移到社会主义现代化建设上来的战略决策。1978 年,邓小平在全国科技大会上发出了"尊重知识、尊重人才"的号召,提出"科学技术是生产力"的判断。1985 年 3 月《中共中央关于科学技术体制改革的决定》发布,将市场机制引入科学体制。1988 年 9 月,邓小平提出"科学技术是第一生产力"的论断,科技和知识分子在现代化建设中的地位和作用得到确立,科技发展开始向经济领域进军,科普工作迎来了春天。

这一时期,在全国范围内,已经建立了完整的农村科普网络体系,其中县级以科学技术协会作为枢纽,乡镇以科学技术协会和农村专业技术研究会作为基础。这个网络体系促进了技术培训、科普宣传、科技扶贫和技术服务等活动的深入广泛开展。

科普的手段、形式也日趋多样化。装备有电影、广播、展览等设施的科普宣传车开始推广使用,中国科普创作协会、中国科普创作研究所相继成立,全国各出版社出版了大量科普读物,科教电影、电视片也纷纷问世。

对科普的理论认识和探讨也提上了议事日程。在 1978 年 5 月召开的全国科普创作座谈会上,会议代表发出了建立科普学的呼吁。科普作家、科学家纷纷出版科普作品集,对我国科普工作中遇到的实践和理论问题发表见解。袁清林将传播学中著名的 R. 布雷多克模式的七个问题——谁、说了什么、在什么情况下、为了什么目的、通过什么渠道、对谁、取得什么样的效果,转化为科学普及学体系结构的七个要素。这一创新性的转化是从传播学的角度首次提出的一个相对完整的科学普及理论体系框架。

5. 1995—2002 年,科技向创新动力发展

20 世纪 90 年代初期,信息革命引发生产力变革,知识成为生产要素中一个重要组成部分。同时,全国科学素质抽样调查结果显示,中国公众科学

素质水平远低于世界主要发达国家。

在此背景下,1995年中共中央提出"科教兴国"战略。1999年召开全国技术创新大会,再次强调进一步实施"科教兴国"战略,建设国家知识创新体系,这标志着中国科技开始向创新动力发展。

在会见全国科普工作会议代表时,江泽民同志提出:"中央希望广大科技工作者、科学家、工程技术人员、宣传教育工作者和各种社会工作者积极行动起来,形成强大的社会力量,继续探索新的形式和方法,使科普工作有机地渗透到各项事业中去,为广大群众喜闻乐见,逐步实现经常化、社会化、群众化,在提高全民族科学文化素质方面发挥更大的作用。"江泽民同志关于普及科学技术知识、提高全民族科学文化素质的论述,为后来我国科技普及工作的开展开辟了道路。

综观我国的科普事业,可以看出科普工作大致涵盖了以下3个方面的内容:第一,进行科学技术的宣传;第二,通过学校教育传授科学技术的基础知识;第三,围绕国家经济建设这个中心,通过职业培训,传授推广生产中的实用技术,即科普宣传、科技教育和科技服务。同时,我国科普工作的主体是科协组织的科技工作者,重点对象是领导干部、青少年和广大农村群众。在传统意义上,我国的科普事业主要配合政府在各个时期的中心任务来开展工作,其中大部分时期科普工作的主要内容是紧紧围绕国家经济建设这个中心,通过普及推广实用生产技术达到增加产量、发展经济的目的。

3.1.2 交互传播环境下的科学文化制度建设

随着党中央对科技普及理论与实践重要性认识的进一步加深,形成了独具特色的科技普及思想。2002年,中国开始了对博客等Web 2.0相关应用的关注,2005年进入了以Web 2.0概念为核心的新一轮网站竞争,互联网技术的进一步发展使科技传播呈现出全新的面貌。

3.1.2.1 对科学文化的理解进入理性时期

1. 2002—2006年,单纯重视自然科学素质而忽视哲学社会科学素质的看法得到改变

2002年11月18日,中国共产党第十六次全国代表大会召开,把提高国民科学文化素质列为实现小康社会具体奋斗目标之一。同年,《中华人民共和国科学技术普及法》正式颁布实施,号召社会各界普及科学技术知识、倡导科学方法、传播科学思想、弘扬科学精神。

2004年6月2日,中国科学院第十二次院士大会、中国工程院第七次院士大会上,胡锦涛同志指出,科技创新和科学普及,是科技工作的两个重要方面。把科学普及和科技创新摆在了同样重要的位置。

2. 2006—2015年,科学精神的普及成为科学普及思想的灵魂

2006年,国务院印发了《全民科学素质行动计划纲要(2006—2010—2020)》,指明公民具备基本科学素质一般指了解必要的科学技术知识,掌握基本的科学方法,树立科学思想,崇尚科学精神,并具有一定的应用它们处理实际问题、参与公共事务的能力。2007年,党的十七大报告把增强自主创新能力、建设创新型国家摆在了更加突出的位置,将创新型国家的建设与科学普及工作的开展、科技普及能力的提高联系起来。这一时期加强了对科学精神的重视,胡锦涛同志提出了"科学精神是科学技术的灵魂"的科学普及思想,习近平同志在2008年的青年科技创新创业人才座谈会上也要求广大青年科技工作者要恪守科学精神。2012年,《国家科学技术普及"十二五"专项规划》明确指出,要进一步提升互联网、移动电视等现代媒体在科技传播过程中的积极作用。2014年2月,时任国家副主席李源潮强调要提高科技普及信息化发展进度,使科学知识逐渐流行于网络。同年12月23日,《中国科协关于加强科普信息化建设的意见》的通知印发,进一步对科学普及信息化重要性进行了强调。

3. 2015 年至今,把科学普及与科技创新放在同等重要地位

党的十八大提出,把"普及科学知识,弘扬科学精神,提高全民科学素养"作为全面建成小康社会的重要任务;全民精神生活的全面提升离不开全民科学素养的提高,要在全社会弘扬科学精神,传播科学方法和科学思想,普及科技知识。2015 年 10 月,习近平总书记在十八届五中全会上详细阐述"创新、协调、绿色、开放、共享"新发展理念,把创新放在新发展理念之首位。创新离不开广大公众对科学技术的理解,要在全社会推行科学普及工作,提高公民的科学素养。

2016 年 5 月,习近平总书记在全国科技创新大会、"两院"院士大会、中国科学技术协会(以下简称"中国科协")第九次全国代表大会上指出:"科技创新、科学普及是实现创新发展的两翼,要把科学普及放在与科技创新同等重要的位置。"强调把科学普及与科技创新有机统一起来,科学技术的进步和普及构成社会进步的内在动力之一。要建设创新型国家,必须像重视科技创新一样重视科学普及,两者齐头并进才能顺利实现从制造业大国向创新型国家的转型。

3.1.2.2 科学文化建设呈现新面貌

信息高速公路掀起的第二次信息革命的特征是网络化、多媒体化。进入 21 世纪,以互联网为代表的新媒体已广泛应用于科学传播。

一方面,新媒体催生了科技传播的新途径,扩展了科学传播的平台:中国数字科技馆、科学网、科学松鼠会、果壳网、中国科普网等科普网站涌现;电子书创造了新的阅读平台;网络电子刊物的直投细分科技传播市场;手机短信、手机报成为科技传播新途径;科学博客、科学论坛等互动类传播方式,使科学传播从专业化走向大众化,从精英层辐射到平民层。

另一方面,新媒体的互动特征契合了科学传播的双向、互动和共享特征,实现了不同个体与群体间的多向互动,聚集起一批内容提供者,为科技传播的主体和内容都注入了活力。

交互传播环境下,科学传播去中心化、多元化,改传统科普单向的上令下达过程为双向互动传播过程。同时,科学传播的内容回归科学本质,旨在使公众不仅要理解科学知识,还要理解科学作为一种人类文化活动和社会活动的整体,这包括理解抽象的科学精神、思想和方法,以及具体的科学史和科学与社会的关系等方面。

3.1.3 "文化强国"与"科技强国"融合战略下的科学文化建设

狭隘的文化观和科学观使得科学精神与人文精神之间产生了分离和对立,科技发展的功能和价值激发了人们对科技的盲目崇拜和过度依赖,同时削弱了科学所应具备的质疑和理性思维的精神。此外,以往的科学知识普及也未能有效地促使社会公众全面了解和应用科学精神、科学制度以及科学方法。

随着"文化强国"与"科技强国"战略的提出,"科技强文"成为向建设社会主义文化强国总体目标挺进的一个重要举措和强劲动力。

当前,科学文化建设正经历着文化体制和科技体制双重改革的阶段。一方面,需要准确把握国内科学发展中存在的不合理的体制机制问题,并从文化变革的视角提出相应解决方案。另一方面,应该从当前国家文化体制改革的重点目标出发,深入研究传统文化中蕴含的科学元素,全面推广传统科学精神和科技哲学思维,使科学文化成为全民文化自觉与自信的重要组成部分。

科学文化建设应关注广大公众的公共文化需求,引导并激发他们对科学文化的需求,以推动科学文化服务供给体制的改革。这包括促进科学文化服务主体的多样化发展,特别是在科普服务领域进行市场化改革,提供更多高质量的科普教育、科幻文娱、科普旅游等新科普服务。通过这些举措,公众能够更好地感知和体验科学文化的益处,培养对科学的热爱、理解和应用能力,从而形成良好的社会氛围。这样的努力有助于帮助社会公众在认知、情感和行动等多个层面上形成对科学文化的自觉态度。

科学文化建设需要同时推动科普事业和科普产业的发展。第一,除了研究型和管理型科普事业单位外,针对科技馆、博物馆等运营型科普事业单位逐步实行市场化或半市场化运营改革已经提上日程。这些单位不仅要满足基础科普服务的功能,还应鼓励其发展营利性科普服务,通过租赁、众包、合作等方式,与其他科普企业、组织机构或个体合作,共同发挥资源、技术和运营管理等方面的优势,以促进科普资源的优化利用。第二,将科普产业纳入国家战略性新兴产业范畴,并制定国家科普产业发展战略规划。通过制定具体的融资、税收等优惠政策,支持各类科普企业的成长。第三,推动科普主题公园、科普产业集群和科普示范城镇的建设。通过科普事业和科普产业的并举发展,打造科普服务机制,促进科学文化的社会化传播。

科学文化是中国特色社会主义文化的重要内容,应该在社会中营造科学的文化土壤,让科学本身的理性成为核心,使公众在感知科学的同时能够自发、自觉、自然地拥有科学所应具备的理性和批判精神,能够运用科学的思维和方法来审视科技、经济、政治、社会、生活和文化之间的多重关系,从而正确地认知、理解和应用科学。这样的努力有助于加强人们对科学的认识,塑造正确的科学态度,并将科学融入日常生活和社会发展中。培养科学文化,能够提升整个社会对科学的认知水平,增强科学的影响力,推动科技创新和社会进步。同时,它也有助于培养人们的批判思维和终身学习的意识,使他们能够更好地理解和应用科学知识,为国家和社会的发展作出贡献。

2011年10月18日,党的十七届六中全会审议通过的《中共中央关于深化文化体制改革、推动社会主义文化大发展大繁荣若干重大问题的决定》提出建设"文化强国"长远战略,并强调推进文化科技创新,充分发挥并有效实施科技进步在我国当代文化建设中的驱动作用、支撑作用和提升作用。

2015年,中共中央办公厅、国务院办公厅印发《深化科技体制改革实施方案》,针对科技创新和驱动发展存在的体制机制和政策制度障碍,提出了10个方面32项改革举措,143项政策点和具体成果。在建立技术创新市场导向机制方面,出台了重点实施建立企业主导的产业技术创新机制、完善对中小微企业创新的支持方式、健全产学研用协同创新机制3项改革举措,促进企业成为技术创新主体,使创新转化为实实在在的产业活动。在构建更加高效的科研体系方面,推出加快科研院所分类改革、完善高等学校科研体系、推动新型研发机构发展3项改革举措,进一步提高科研院所和高校源头创新及服务经济社会发展的能力。在改革人才培养、评价和激励机制方面,重点实施改进创新型人才培养模式、实行科技人员分类评价、深化科技奖励制度改革、改进完善院士制度4项改革举措,充分调动科技人员的积极性和创造性。在健全促进科技成果转化机制方面,主要实施深入推进科技成果使用、处置收益管理改革,完善技术转移机制2项改革举措,有效打通科技成果转化的通道。在建立健全科技和金融结合机制方面,重点实施壮大创业投资规模、强化资本市场对技术创新的支持、拓宽技术创新间接融资渠道3项改革举措,加快构建支持创新的多层次投融资体系。此外,在创新治理机制、开放创新、区域创新和营造激励创新的良好生态方面推出了针对性很强的改革举措。

2016年5月30日,在同时召开的全国科技创新大会、"两院"院士大会、中国科协第九次全国代表大会上,习近平总书记发出了建设世界科技强国的号召,明确了建成世界科技强国的"三步走"路线图,即到2020年时使我国进入创新型国家行列,到2030年时使我国进入创新型国家前列,到新中国成立100年时使我国成为世界科技强国。强调科学普及和科技创新是创新发展的两翼,要把科学普及放在与科技创新同等重要的位置,真正使科普工作强起来。

2017年,党的十九大报告指出:"中国特色社会主义文化,源自于中华民族五千多年文明历史所孕育的中华优秀传统文化,熔铸于党领导人民在革命、建设、改革中创造的革命文化和社会主义先进文化,植根于中国特色社会主义伟大实践。"这一重要论断对中国特色社会主义文化进行了科学界定,揭示了中国特色社会主义文化的核心属性。

2018年5月,习近平总书记在"两院"院士大会上再次强调了建设世界科技强国的奋斗目标,"我们比历史上任何时期都更接近中华民族伟大复兴的目标,我们比历史上任何时期都更需要建设世界科技强国!"强调科技领域是最需要不断改革的领域,推进自主创新,最紧迫的是要破除体制机制障碍,最大限度解放和激发科技作为第一生产力所蕴藏的巨大潜能。

2019年3月4日,在看望参加全国政协十三届二次会议的文化艺术界、社会科学界委员并参加联组会时,习近平总书记对文艺社科工作者提出"四要"要求。文艺社科工作者要坚持与时代同步伐,承担记录新时代、书写新时代、讴歌新时代的使命,为时代画像、为时代立传、为时代明德;要坚持以人民为中心,人民是创作的源头活水,只有扎根人民,创作才能获得取之不尽、用之不竭的源泉;要坚持以精品奉献人民,把中国精神、中国价值、中国力量阐释好;要坚持用明德引领风尚,要有信仰、有情怀、有担当,树立高远的理想追求和深沉的家国情怀,努力做对国家、对民族、对人民有贡献的艺术家和学问家。

2019年6月,《关于进一步弘扬科学家精神加强作风和学风建设的意见》出台,要求大力弘扬胸怀祖国、服务人民的爱国精神,勇攀高峰、敢为人先的创新精神,追求真理、严谨治学的求实精神,淡泊名利、潜心研究的奉献精神,集智攻关、团结协作的协同精神,甘为人梯、奖掖后学的育人精神。

2020年10月,中国共产党第十九届中央委员会第五次全体会议公报提出,坚持创新在我国现代化建设全局中的核心地位,把科技自立自强作为国家发展的战略支撑,加快建设科技强国。要强化国家战略科技力量,提升企业技术创新能力,激发人才创新活力,完善科技创新体制机制。

2021年1月27日,为全面落实党中央、国务院对科研诚信管理的部署要求,强化医学科研机构科研诚信监管责任,结合相关法律法规,国家卫生健康委员会会同科技部、国家中医药管理局共同修订了《医学科研诚信和相关行为规范》(国卫科教发〔2021〕7号),明确提出科普宣传中不得向公众传播未经科学验证的现象和观点。2021年3月12日,国务院办公厅《关于加强草原保护修复的若干意见》(国办发〔2021〕7号)要求,深入开展草原普法宣传和科普活动,广泛宣传草原的重要生态、经济、社会和文化功能,不断增强全社会关心关爱草原和依法保护草原的意识。2021年12月24日,十三届全国人大常委会第三十二次会议修订通过《中华人民共和国科学技术进步法》,规定国务院科学技术行政部门应当会同国务院有关主管部门,建立科学技术普及资源等科学技术资源的信息系统和资源库,及时向社会公布科学技术资源的分布、使用情况。《中国科学技术协会事业发展"十四五"规划(2021—2025年)》指出,到2025年,科协组织、联系广泛、服务科技工作者的科协工作体系建设取得显著成效,科技类社会化公共服务产品供给能力显著提升,团结引领科技工作者创新创业创造的能力显著增强。

2022年3月,中共中央办公厅、国务院办公厅印发《关于加强科技伦理治理的意见》,明确了科技伦理治理的原则、机制体制、实施保障等问题。2022年5月,习近平总书记在《求是》杂志上发表文章《加快建设科技强国实现高水平科技自立自强》,进一步指明了通过"前瞻研判科技发展带来的规则冲突、社会风险、伦理挑战,完善相关法律法规、伦理审查规则及监管框架",引导"科技向善"的科技伦理治理路径。

2022年,我国公民具备科学素质的比例达到12.93%,比2015年的6.20%提高了6.73个百分点,比《全民科学素质行动计划纲要(2006—2010—2020年)》颁布前2005年的1.60%提高了11.33个百分点。标志着我国公民科学素质水平跨入创新型国家行列,也标志着我国公民科学素质发展整体进入新阶段。

在这一进程中科学精神的发扬是增强综合国力的有效途径,文化力是综合国力的有机组成部分,上述政策的出台反映了国家对科学文化建设不断重视和深化实践。在当前发展阶段,探索有中国特色的科学文化生态体系仍应以弘扬科学精神、倡导科学文化为重点,把握科学技术发展的方向,加强科学普及,大力弘扬科学精神,从而顺利进入科学文化提升和锻造的新阶段。

3.2 发达国家科学文化生态研究

3.2.1 "学院科学"时代科学文化生态演化

3.2.1.1 "学院科学"的定义及发展

科学社会学研究有两个主要传统：美国传统以默顿为代表，英国传统以贝尔纳为代表。美国传统主要由大学社会学系的专业社会学家进行研究，专注于科学与社会之间的关系；英国传统则主要是跨学科的研究，不仅限于专业社会学家，而是各学科的学者从多个角度研究科学的传统。这两个传统的研究方法和视角丰富多样，为深入了解科学与社会之间的关系提供了理论和实证基础。就此意义而言，默顿所创建的新学科被称为狭义的科学社会学，而以贝尔纳为代表的英国传统下创建的学说则被称为广义的科学社会学（刘珺珺，1989）。英国著名的科学社会学家齐曼在继承贝尔纳广义科学社会学的研究传统基础上，根据时代发展的变化，充实了"默顿规范"，并在解构的过程中提出了科学发展的新形态，即"后学院科学"的"齐曼范式"。

"学院科学"与"后学院科学"是一个相对概念，对于"学院科学"的定义，目前学界并未有一个确切的说法，齐曼在其著作《真科学：它是什么，它指什么》中，将默顿所描述的科学称为"学院科学"，即把"学院科学"视为纯科学。"当我们使用纯科学这个术语时，我们心中想的是，纯科学指的就是我们非常熟知的一种独特的活动——'学院科学'。'学院科学'是一种文化，是一种复杂的生活方式，是在一群具有共同传统的人中产生出来的，并为群体成员不断传承和强化。"从齐曼的《真科学:它是什么,它指什么》中不难看出,"学院科学"是一种纯粹的科学探究活动,科学家们居于"象牙塔"内,脱离于世俗利益,为一套不成文的行为规范所约束。简单来说,"学院科学"存在于大学、国家科学院、研究中心等学院类机构之中,科学家们"为知识而知识",这种形式是早期以来人类科学文明传承的一种主流文化形式。

根据齐曼的观点,"学院科学"与其他文化形式一样,在历史上不断发展和变迁。齐曼认为,"学院科学"的起源可以追溯到17世纪甚至更早的时代。古希腊时期,人类进入了"学院科学"研究的阶段,其中包括泰勒斯、欧几里得、柏拉图等学者,他们致力于对客体本身进行研究,这一时期,科学被看作一种象牙塔式的学院研究。这种将科学神圣化的研究模式或知识生产模式为后来的科学建立了一个相当长时期的传统——"学院科学"传统(林慧岳,孙广华,2005)。这个传统延续了很长一段时间,在体制化科学出现之前,"学院科学"的传统在科学研究领域中一直占主要地位。"学院科学"的现代形式出现于19世纪上半叶的法国和德国,以1810年德国柏林大学创立为主要标志。在18世纪末到19世纪初的哲学革命的启发下,柏林大学将科学的发展视为其重要使命,并积极倡导人类主体自由探索的科学研究精神,该大学提出了一些重要思想,如"教学与研究统一"和"研究与教学自由",这些思想对德国和欧美大学的知识生产方式产生了深远的影响。这些思想强调了研究与教学的密切关联性,以及研究与教学的自由性,为知识的创造和传播开辟了新的途径。在此之后,"学院科学"演变成为一种连贯的、精致的社会活动,日益整合到社会之中,并成长为现代性广义文化中的一种亚文化。

3.2.1.2 "默顿规范"内容

"学院科学"是一种历史存在,默顿的科学社会学对其进行了理想化描述,尽管与实际有一定的差距,但这一理想化和简单化的模型已为人们所认可,其核心"默顿规范"(CUDOS)也似乎深入人心(刘兵,2003)。"默顿规范"是20世纪30—50年代由默顿在他的著作中提出并解释的,规范了科学研究必须遵循的5条原则或"不成文规范":公有主义(communalism)、普遍主义(universalism)、无私利性(disinterestedness)、独创性(originality)和有条理的怀疑主义(organized scepticism)。这些规范也被称为"科学的精神气质"。公有主义意味着科学知识是科学家共同体的共同财产,隐藏和保守知识违背了科学研究的道德规范。科学上的重大发现是社会协作的产物,属于整个社会的共同遗产,科学家个人对这种遗产的权利是非常有限的,他们仅仅获得科学发现的名誉上的优先权,除此之外,没有其他权利。普遍主义表现在对真相的断言上,无论其来源如何,都必须遵循预先确定的非个人标准,与观察和已证实的知识一致。无私利性意味着科学研究不应以商业或个人私利为导向,科学家进行研究的动机应该是追求知识、出于好奇心、关注人类利益等特殊动机。独创性要求科学家在前人工作的基础上作出新的贡献,通过提出新的论点、论据,发现新问题和解决新问题来推动知识的进展。有条理的怀疑主义要求对所有知识都要经过同样仔细的考察,用严格的逻辑推论和实验验证一切科学假说。有条理的怀疑主义导致的结果是将判断暂时悬置,对信念进行公正审视,通过经验和逻辑标准对科学进行定期评估,这可能导致科学与其他制度的冲突。

"默顿规范"是一种适用于学术科学领域的规范,强调学术科学家将他们的研究成果发布到公共文献中所获得的奖励。这一规范要求科学家在以科学工作者的身份出现时,无论在生活的其他领域中扮演何种角色,都应遵守"默顿规范",以维护科学体制与其他社会制度所不同的运作环境。这样做的目的是确保科学工作者能够在科学领域中自主进行研究,不受外界干扰。在学术共同体内,科学家的科学行为必须共同遵守制度化的"默顿规范",这些规范作为共同体成员一致的价值观和行为准则,以范例的方式传达给科学界。默顿的这一科学社会学理论,把科学看成具有独特精神气质的社会建制,这在相当长的时期内被众多科学家采用,并用以进行广泛的模型研究。即使在一定情况下,不成文的"学院科学"的社会规范并不切合实际,纯粹的道德约束也开始出现问题,然而,"默顿规范"为科学共同体的成员提供了一个相对稳定的科研环境,确保了学术机构中"学院科学"的良好运行。这一规范的存在保证了"学院科学"作为一种学术文化形式的延续和发展。

3.2.2 "后学院科学"时代科学文化生态实践

3.2.2.1 "后学院科学"的定义及发展

"后学院科学"是齐曼相对于"学院科学"提出来的概念。"后学院科学"并不丢弃科学的核心精神和特质,如实证性、追求真理、对科学方法的重视,以及理性批判和怀疑的态度等,这些元素构成了科学的本质,它们并没有因为"后学院科学"的出现而消失,相反,它们为"后学院科学"所遵循和发扬。同时,随着科学语境的变化,科学规范也需要相应地进行修正,为此,科学知识社会学(SSK)的最新研究成果被结合进来,对"默顿规范"进行了自然主义的多元审视。

齐曼认为,默顿所描述的"学院科学"呈现出来的形象是一种理想化的状态,随着时代的发展,"学院科学"在发展过程中出现了各种问题,不成文的精神规范已然不能很好地对科学共同体内的成员进行约束,这些都为人们重新思考科学的社会规范问题提供了新的契机。主要有以下3个方面的问题:第一,"默顿规范"内部出现了不协调现象,学术失范问题频发,仅用不成文的精神气质约束科学共同体内部成员的行为已经略显勉强;第二,随着时代的变革,科学之于生产力的作用也被社会大众逐渐意识到,科学被置于大众的视野之下,科学家的自主性受到一定程度的干扰,科学的经济、军事等成果转化率促使科学走出纯学术的领域;第三,科学自身的发展也离不开工业以及政府的资助,科学形态出现新的变化,日益与政治经济联系密切,这些都给科学的进一步研究带来了新的问题。

"后学院科学"的体制化发展并不是一蹴而就的,即使在早期"学院科学"占主导地位时,"后学院科学"的设想就已经为部分科学家所设想。1623年,培根(Bacon)在其著作《新大西岛》中所描述的新大西岛这个乌托邦里的所罗门宫,是乌托邦中的人们组织起来从事科学活动的场所,在这里科学活动是社会规模的,是为社会服务并从社会得到鼓励与报偿的,可见,培根在他的乌托邦中已经将科学体制化了(刘珺珺,1990)。随着社会的进步,科学的生产模式经历了逐渐变化的过程,现代科学的体制化模式逐渐完善。17世纪法兰西科学院的成立标志着科学正式成为一种社会结构。科学的体制化意味着科学与政治有了紧密的联系,科学的资金投入者和执行者发生了分离,这种情况下,科学的发展规律与资助者的目标之间不可避免地产生冲突。为了避免冲突升级,科学不得不做出妥协,在很大程度上放弃了自主性的要求。科学的体制化也标志着"学院科学"向"后学院科学"的转变开始,自那时起,科学研究从主要由个人兴趣驱动转向主要受资助者目标驱动,在这样的背景下,"默顿规范"接受了自然主义的多元审视。

20世纪中期,第二次世界大战后世界政局发生了极大的改变,科学被更多地用于军事力量和经济生产力的成果转换,科学研究不仅存于大学的学术领域,它与现实社会各方的利益和期盼更加紧密地结合在了一起。"大科学"的出现加剧了"学院科学"向"后学院科学"转变的态势,"后学院科学"逐步占领主导地位。"小科学""大科学"是美国科学家普赖斯对于世界科学形态演变所提出的观点,"后学院科学"在"小科学"向"大科学"的转变过程中不断演进,与政治、经济、军事等共同结合。在20世纪30年代,德国建立了一个军事科研中心,致力于制造"飞弹";20世纪40年代,美国组织了十几万科技人员进行原子弹的研制,他们来自大学、研究机构和企业等。20世纪60年代实施的庞大的"阿波罗登月计划"则成为"学院科学"向"后学院科学"转变的典型例证。在20世纪60年代末,科学的"新体制"或"新模型"开始流行,科学的组织、管理和实施方式发生了根本性、不可逆转的变革,这一变革遍及全球。传统的以追求纯知识为目标的"默顿规范"转变为了"齐曼范式",即训练有素的职业科学家群体致力于发现和解决产业发展中的实际问题。

3.2.2.2 "齐曼范式"的特点及内容

按照齐曼的观点,"后学院科学"是"学院科学"在应用语境下运作的一种新的知识生产模式,它是"学院科学"向产业领域的延伸,是与实践紧密相连、根据市场原则组织的科学体系,也是技术科学不可分割的部分,同时也代表了一种全新的生活方式。"后学院科学"与产业界紧密融合,科学通过与产业界签订合同获得资助,而产业界通过定向科学研究的目标获得前进动力,因此,"后学院科学"也被称为产业科学。由于科学研究成本的增加和科学研究的政策化导向,科学研究的组织也必须按照产业发展的模式进行构建,科学、技术和产业之间的联系日益紧密,甚至难以清晰划分,其中,产业化是"学院科学"向"后学院科学"转变的主要特征之一。此外,齐曼还指出"后学院科学"演进过程中出现的其他显著标志,包括集体化、政策化、科层化、效用化和极限化。集体化表明"后学院科学"日益成为一种集体的研究活动,研究设备的复杂化促使研究向更加集体化的行动模式发展,而且在应用领域和基础领域,科学研究也越来越依赖来自各个学科专家的集体活动。政策化指的是"后学院科学"时代科学研究经费主要来自政府和企业,因此,科学研究受到政策的影响,科学发展的方向受到科学政策的制约。科层化是"后学院科学"的典型特征,"后学院科学"建立了庞大而复杂的科层化组织,并按照烦琐的形式化程序运作。科学共同体的科层化和制度化不仅由共同体内部决定,更受到政府或企业科层组织的影响,管理方法和手段也受到它们的直接影响。效用化强调科学研究的应用价值或商业价值,即将科学研究成果转化为产品或服务后所能实现的经济、政治、军事等方面的效益或价值,这是政府、产业界和其他投资主体投资科学研究的主要目的。极限化表示虽然科学研究是一种增长的事业,但因增长受到财政限制,科学的增长总有一定的极限。

"后学院科学"在继承"学院科学"基础上得到了巨大的发展,因此与"学院科学"的运作规则存在显著差异。"后学院科学"遵循 PLACE 规范,即专有(proprietary)、局部(local)、权威(authoritarian)、定向(commissioned)和专门化(expert)。与"学院科学"不同,"后学院科学"产生的知识通常不是公开的,而属于特定的所有者,它主要集中在解决局部技术问题上,而不是探索全新的理论。"后学院科学"雇佣专门解决问题的研究人员作为"职业科学家",他们的研究是根据委托要求实现实际目标的,因此,他们没有自由选择研究课题的倾向,而是需要遵守与企业和政府其他雇员相同的行政规定和管理决策。他们的研究成果也受到雇佣机构的控制,并直接受到经济效益评估的影响,这意味着他们的职业发展不仅依赖于科学共同体内的声望,更多地依赖于所属的局部组织。从组织形式的角度来看,"后学院科学"是一个高度分化且高度综合的复杂体系,科研人员在这个体系中扮演高度专业化的角色,并根据市场原则围绕产品或服务进行多学科研究。当前,科学正日益被强制用于推动国家的研发系统,大学逐渐成为促进整个经济发展的科学技术引擎,创造财富的源泉。

一些学者将"后学院科学"的概念进一步发展为"后常规科学"。拉维兹在文章《后常规科学的兴起》中指出"后常规"一词用于标志一个时代的结束,这个时代中,有效的科学实践规范被视为忽视了科学活动及其后果所引发的广泛方法论、社会和道德争议的解决过程。"后常规科学"确实表现出一些新特征,包括事实的不确定性、价值的争议性、利益的关联性和决策的紧迫性。

随着齐曼的"后学院科学"研究不断深入,国外一些研究者结合当前新一代信息技术的发展对科学文化新的传播路径进行了深入的研究。目前该方面的研究主要集中在社会结构、受众群体、科学文化传播路径等方面。如巴兹在《Communicating Science in New Media Environments》中系统地论述了新媒体环境中传播与传统社会结构下科学文化传播的不同。多米尼克·布罗萨德在《Science,New Media,and the Public》中对新媒体环境下科学文化传播、公众理解的现状进行了分析和研究。在这些新的发展路径中,国外研究者对科学任务的众包和协同创新尤为感兴趣,并对其进行了一系列深入的研究,如阿尔伯斯在《New Learning Net Work Paradigms:Communities of Objectives,Crowdsourcing,Wikis and Open Source》中解释了新的网络合作环境中众包产生的动机:"学院科学"、商业和社会。作者同时根据传播、社会互动、信息、知识产权、知识获取和价值观对众包的实践活动进行了分析。亚历山德拉帕里克在《Crowdsourcing Scientific Software Documentation: a Casestudy of the Num Pydocumentation Project》中讨论了如何利用知识软件在科学文化传播中留住用户;韦尔·索利曼(Wael Soliman)在《Understanding Continued Use of Crowdsourcing Systems: an Interpretive Study》中对用户使用众包进行科学文化传播的系统进行了分析,并对众包组织者提出了一系列的建议。

3.2.2.3 "齐曼范式"所面临的问题

科学技术的发展和应用给社会带来了巨大的福祉,但也伴随着风险,这些负面影响日益显现,则会直接威胁到公众的健康和安全。评估和治理科学技术风险需要依赖科学和技术本身,因此,公众将科学视为与自身利益相关的事务,他们越来越迫切地要求了解科学技术发展的情况,了解其带来的益处、风险以及公平分配,并积极参与科学技术决策。然而,一些学者对齐曼的观点提出了批评,例如,J.T.戴维指出,大多数科学批判主义来自反科学的阵营,这意味着对科学理念的理想化感到失望,这也是因为技术对社会和环境造成了负面影响,导致人们对科学产生了疏离感。戴维认为我们应该采取反击态度对待批判主义,因为批判主义不仅威胁着为我们文明作出巨大贡献的科学传统,还持有现代主义思想,试图破坏传统价值观。批判主义所带来的灾难性后果是以现代主义取代传统价值观作为推动人类文明的力量,虽然戴维本人反对反科学,但他对科学批判主义持肯定态度,因为他认为批判主义对缺乏伦理原则的科学和科学家进行了有效的抗议。

在"应用语境"中,知识的产生不仅涉及跨学科的合作,还需要通过不断的谈判和协商来平衡各方的利益,实际上,这类知识生产是由各个利益集团掌控的一块块细分领域组成的,这些领域由工业企业、商业公司、政府部门、卫生保健组织以及其他大型社会机构管理。科学共同体与这些利益集团的组织之间紧密联系,并相互作用,以满足整个社会的各种利益需求。在这种新的生产方式中,后学术、学术科学与工业有着密切的关系,在某种程度上,研究由私人资本(包括大学内部)资助和管理,引起了两者之间的矛盾,这可能带来一定的危害。在集体化科学中,除不再是其生产资料的所有者(人们不再能够以个性化方式进行科学研究并依赖于实验室的物质资源)以外,科学家再也无法控制达到预期结果所需的时间。

不同参与方代表的社会责任、社会利益以及对知识的特定要求,在知识的生产过程中以多种方式得到体现,这不仅影响研究问题和优先主题的设定,影响研究路径的确定,还反映在对研究结果的选择、解释和应用上。利益博弈和协商不仅决定了科学技术发展的方式和方向,还决定了知识的呈现方式,在这一背景下产生的许多知识属于"专有知识",受到专利保护,并以专利形式存在,知识生产者可以从中获得商业利益,因此,知识被商业化或资本化,其创造和使用(分配)被纳入市场运作,资源投入和成功评价也受到市场规律的支配和检验。科技进步在很大程度上表现为科技成果的开发和利用,而不仅仅是"发现"或提出新理论,所有这些因素都导致科学家的行为方式和活动规范发生变化。"后学院科学"出现的另一个后果是失去了学术职位的稳定性,因为科学家们除了从事学术研究,也要为市场生产的需求服务,科学在某种程度上丧失了独立性,科学家不仅对科学负责,还直接向委托人和投资者负责,这改变了科学知识的生产激励模式。但是,科学家通过创造具有明确应用价值的科学知识产品,直接参与了社会生产和分配体系,扩大了获取社会回报的机会,也增加了利益获取渠道的多样性。很显然,传统的"公有性"和"无私利性"原则现在已经不再适用。联合国教科文组织的报告指出,近年来对生物技术和基因改良食品的研究揭示了科学纯洁性和无私性在一定程度上的缺失,科学家个人的预期收益,尤其是经济利益的参与,使得他们在科学活动中的决策变得更加复杂。在很多情况下,他们可能会有意识或无意识地偏向于投资者和有利于自身的一方。戴维对

1984年发表在《新英格兰医学杂志》和《柳叶刀》等5种杂志上所有受控临床试验的研究进行了再次分析,他的研究发现,在所有进行药物比较分析的文章中,某一制药企业资助的研究结果中没有一篇得出该企业产品疗效不如其他企业产品的结论。弗里德伯格等人对1988—1998年的研究结果进行了统计分析,他们发现,由制药企业资助的研究结果中,不利于该企业产品的研究数量是没有企业资助的研究的1/8;相反,由企业资助并得出对该企业有利结论的研究数量是没有企业资助的研究的1.4倍。贝克尔曼等人在2003年的研究表明,在生物医学研究领域,企业资助的研究和"亲企业"(pro-industry)的结论之间,存在着显著的统计上的联系。他们对1140篇研究论文进行了分析,发现与没有企业资助的研究相比,由企业资助的研究很可能得出对资助者有利的研究结果。因此,利益冲突引发了企业家式科学家的偏见,他们本能地将个人利益置于公共利益之上,这种情况最终威胁到科学知识的可靠性和科学事业的可信度。

齐曼提出的一个关键论点是,如果我们抛弃默顿的精神和历史上指导科学活动的哲学原则,将会引发关于科学可信度的争议。他强调了"无私利性规范",即科学家不应受到任何外部因素的影响。然而,遗憾的是,学术传统中这一原则正逐渐被削弱,支撑无私利性规范的伦理准则无法承受对科学不断扩大的权力和工具的外部压力,这就像是"谁吹笛子,谁定调子"。科学权威有可能并且已经被滥用以谋取私利,当科学和科学家开始被视为某些特殊利益的代理人或追求者时,就会引发可信度的问题,这种情况下,科学的可信度遭到质疑。另一方面,当科学知识被看作研究人员之间以及科学家与社会和公众之间的一种协商产物时,风险评估和技术预测也被视为沟通和协调过程的结果,科学的客观性也受到了怀疑。在受到外部力量的控制或诱惑时,专家系统常常面临两个问题。一是科研诚信的丧失。一些科学家为了更快地取得成果,达到获取经济利益或提升社会地位的目的,往往采取伪造数据、剽窃或篡改他人成果等不端手段,例如黄禹锡事件。二是不能妥善处理利益冲突。由于科学技术活动是在多种社会力量和利益的推动下进行的,政治利益、商业利益或其他个人利益可能会干扰科学家作为整个社会的代表做出正确的职业或专业判断,从而损害了"决定其职业判断的基本利益要求"或规范。例如,著名的"阿尔茨海默病诊断试剂案"中,哈佛医学院教授塞尔克滥用科学的名义,利用公众对科学共同体和专业期刊的信任来推销自己公司的药品,以谋取市场竞争优势。这些学术不端行为在社会上产生了极其负面的影响,它们不仅败坏了学术界的声誉,严重损害了科学家的信誉,还动摇了公众对科学事业的信心。

3.2.3 "开放参与"时代演化路径的发展

3.2.3.1 代表性观点

1. "小科学""大科学"

美国耶鲁大学物理学家和科学家德瑞克·约翰·德索拉·普赖斯(Derek John de Solla Price)受物理学家艾尔文·温伯格的启发,于1962年提出了"小科学"和"大科学"的概念。普赖斯(1982)指出:"现代科学的大规模性,面貌一新且强有力地使人们以'大科学'一词来美誉之。"普赖斯和齐曼都认为,从"小科学"向"大科学"的转变发生在第二次世界大战之后,并且这种转变是一个渐进的过程。普赖斯指出,这种转变的速度实际上是相当快的,总体上呈现出指数增长的规律。根据人们所计量的内容和计量方法,科学的规模在人力和出版物方面每10～15年翻一番。

关于"大科学"的特点,普赖斯在他的著作《小科学,大科学》中提到了以下4点:

一是发达国家进入稳态期。发达国家的科学研究已经进入了一个相对稳定的阶段,科学机构和研究团队的规模与数量相对固定。

二是集体合作趋势加强。科学研究越来越需要团队合作和跨学科的交流与合作,大型科学项目需要多个科学家和研究机构的协作,以解决复杂的科学问题。

三是科学自由受到限制。随着科学研究的规模和影响力增加,科学自由受到了一定程度的限制和监管,政府、资助机构和伦理委员会等对科学研究进行监督和管理,以确保科学的合法性和伦理性。

四是科学家的社会责任增加。科学家在"大科学"时代承担着更多的社会责任,他们需要考虑科学研究的社会影响和伦理问题,并积极参与公众对科学的理解和科学政策的制定。

2. 象限理论

1996年,美国学者司托克斯提出了"象限理论",用"象限的四重图"来表示科学研究的"认识"和"应用"两种目的的多种可能性,这一理论不仅仅是对科学研究在技术层面上如何分类和定位的指导,更重要的是它作为一种哲学思想,探讨了科学研究发展的本质。司托克斯认为,"象限理论"并不排斥基础研究、应用研究和开发研究等"理想类型"式的科研分类,其根本目的是解释发达国家科技发展的真实模式,阐释20世纪中叶以来发达国家科研的类型、定位、方向等与现代社会包括政府政策和经济等方面的互动关系。其中,"巴斯德象限"的核心特征在于,集中在这一象限内的研究,就其性质而言呈现出"基础研究的应用性"和"应用研究的基础性"。

3. "知识生产模式1""知识生产模式2"

迈克尔·吉本斯等英国学者从知识的角度论述了一种新的知识生产模式,对社会各个领域产生了广泛影响。他们探讨了包括知识的内容、知识的生产方式、知识生产的环境、知识的组织方式、知识的奖励机制以及知识的质量控制等方面的影响,这些思想主要体现在吉本斯等人合著的《知识生产的新模式:当代社会科学与研究的动力学》一书中。吉本斯等学者将传统的、众所周知的知识生产模式称为"知识生产模式1",将正在兴起的新型知识生产模式称为"知识生产模式2"。他们借用了牛顿学说的认知和社会规范,将"知识生产模式1"定义为"理念、方法、价值以及规范"的综合体,符合"牛顿规范"的实践形式被定义为"科学"的,而不符合规范的被认为是"非科学"的,这也决定了哪些知识被认为是合法的,并能够享有知识传播的权利。吉本斯等学者进一步指出,在"知识生产模式 1"中,问题被设定在学科范围内,知识的生产主要基于单一学科框架,并由特定学术共同体的兴趣主导问题的设定和解决。在"知识生产模式 1"中,知识的生产更多地发生在认知语境中,呈现出同质性和等级制的特征。此外,在组织形式上,"知识生产模式 1"倾向于维持上述状况,并且研究成果质量的评定主要依赖于同行评议的结果。然而,吉本斯等学者指出,"知识生产模式 1"的情况并非不可改变,牛顿式的科学规范受到了社会实践的严峻考验,在新的经济形势和政治环境下,出现了"知识生产模式 2"。"知识生产模式 2"与"知识生产模式 1"有明显的区别:在学科体系上,"知识生产模式 2"突破了单一学科或特定学科的限制,主要发生在跨学科(也称为超学科)领域;在知识处理上,"知识生产模式 2"不再仅限于认知语境,而是主要转向社会和经济中的应用情境;在组织形式上,"知识生产模式 2"改变了特定学术共同体的研究机制,研究团队的构成不再由一个中心主体来管理或协调,而是根据研究任务的变化进行调整或重组,呈现出非等级制和异质性的特征,使得组织系统变得易变而短暂;在质量控制方面,由于"知识生产模式 2"涵盖范围广泛,涉及跨学科和跨机构的合作,同时反映了组织上的灵活性和短暂性,特别是各种不同形式的社会行动者密切互动,参与整个知识生产和传播过程。这导致"知识生产模式 2"必须采用更广泛的质量标准,使知识生产倾向于具有更多的社会问责和反思性特征。

3.2.3.2 不同代表的思想比较

齐曼在《真科学:它是什么,它指什么》一书中有将"后学院科学"论和 GLNSST① 小组的知识生产模式二论混用的倾向,或者说齐曼完全接受了

---

① Michael Gibbons, Camille Limoges, Helga Nowotny, Simon Schwartzman, Peter Scott, Martin Trow 这 6 位著名的科学家合著了《The New Production of Knowledge》一书,在书中提出知识生产的新模式,故把这 6 人合称为"GLNSST"。

后者,并将其融入自己的"后学院科学",而"巴斯德象限"论重在"重新审视科学的目标及其与技术的关系"(司托克斯,1999)。

与"大科学""小科学"相较,齐曼向"后学院科学"转变的观点和普赖斯向"大科学"渐变的观点在许多方面有相同之处:① 他们都认为科学发展在某些地区和领域正处于稳定期;② 他们都强调集体合作的趋势增强,尽管普赖斯更注重合作发表论文,关注科学实施的结果,而齐曼则更全面地探讨了集体合作的趋势,包括科学研究组织的扩大、科学仪器与设备的复杂化和大规模化、团队合作、网络通信合作,以及基础研究与应用研究、发展研究的整合等方面;③ 他们都认为科学家的研究自由会受到一定限制,但齐曼的观点更宽泛,他认为"后学院科学"不仅会限制科学家的选题自由,还会使科学在许多方面受到资助方的限制,从而削弱科学的自主性。

齐曼和普赖斯的观点也存在明显的区别,其中最突出的区别是普赖斯的观点以反映科学的规模为核心,描绘了以下情景:科学的人力、财力和论文数量经过长期的快速增长,已经达到了社会所能承受的极限,最终只能与社会保持动态平衡,实现缓慢增长。在这种情况下,科学主导社会的发展,科学家也应该主导社会管理。相比"小科学"时代,科学家的自由受到适度限制,由精英科学家自发组成的无形学院在科学交流中起到领导作用。而齐曼的观点则以反映科学的活动方式为核心,描绘了以下情景:经过相对封闭和相对独立的"学院科学"时期的长期发展,科学活动正朝着集体化和大规模化的方向发展。科学已经融入社会,成为国家发展战略的有机组成部分,所有科学研究都不可避免地具有应用背景甚至明确的国家目标,所有科学活动都纳入国家科学政策管理范畴,科学研究的管理甚至研究过程开始实现一定的规范化、程序化,甚至企业化。

总的来说,关于当代科技发展主潮流性质的判断,齐曼的"后学院科学"观点与普赖斯的"大科学"观点是一致的。而且,在吸收普赖斯观点的基础上,齐曼的观点更加丰富、全面和深刻。

第4章
中国科学共同体的科学文化生态建设案例

4.1 中国科学共同体建设现状

中国人在认识并改造自然世界的进程中,形成了具有鲜明特色的文明传统。顺应自然,注重整体思维、系统思维、辩证思维,强调天人合一、生命感悟、欲辨忘言等,这一系列的态度与观念,是以儒释道为代表的中国传统文化的重要认知与实践特点,它指导中国人有效地与人相处、与社会相处、与自然相处,并造就了历学、农学、医学、天文学等方面的卓越成就。重视整体、关联、综合、包容、感念的中国传统文化特点,与强调理性、批判、分析、实验、精确的西方科学文化有着不同的底色,在不同底色上建立起来的科学文化必然有所差别,各有特点,各有所长,需要交流互鉴,相互学习(韩启德,2018)。受其影响,中国的大学教育中尤其强调博学广识的通识教育和基于通识教育的创新,这主要体现在交叉学科的兴起上。

"博"与通识教育。通识教育是教育的一种,这种教育的目标是:在现代多元化的社会中,为受教育者提供通行于不同人群之间的知识和价值观。通识教育的英文是"general education"或"liberal study",也有学者把它译为"普通教育""一般教育""通才教育"等。自 19 世纪初美国博德学院(Bowdoin College)的帕卡德(Parkard)教授第一次将它与大学教育联系起来后,越来越多的人热衷于对它进行研究和讨论。虽然人们对于通识教育这个概念的表述各有不同,但是,对于通识教育的目标可以达成共识。

反观中国古代,通识教育与我国古代文人对"博"的追求有较大的联系。在历史发展过程中,知识人群对"博"赋予了更多的抽象意义,从一般意义上的数量的多、空间的大,逐步涉及知识层面的博学,乃至人物品评的问题,"博"已经成为中国传统文化来自民族文化价值深处的一种极致追求。博学的目的是成为兼通的全才,以完善自身与提升自我,适应时代变化而承担社会责任(冯惠敏 等,2019)。

现代大学通识教育是通过通识内容来培养"完整的人"的教育,旨在通过通识内容的教学,使学生在基础知识、必备能力、健全人格、价值共识等方面达到一定的水平和标准。通识教育具有国际性与民族性、稳定性与发展性、广博性与基础性、普遍性与价值性等特征。

《易经》中提及的"生生"学说与"创新""创造"思想极为接近。基于现代大学的通识教育,原本囿于单一学科的研究方向,加入了其他学科的研究范式或者理论,交叉学科的发展越发流行。原本被基础科学和工程技术统辖的科研领域,诞生了越来越多基于两者之间的技术科学领域的研究,以计算机科学为例,与其他学科交叉形成了生物信息学、计算化学、人工智能、人机交互等新兴的学科和领域。中国的创新文化建设,为当代科学共同体的科学文化传播提供了全新的渠道、形式和机制,同时也给传播的受众细分带来了新思路。

中国科学院郭传杰认为:在中国科学院的科学文化建设中,首要的是创新文化的建设。国家创新体系包括的环节有知识创新、技术创新、知识传播、知识应用等,而企业、研发机构、教育机构、政府部门、中介机构等多种主体是创新体系的重要组成部分,也是中国科学文化建设的关键动力源泉。科学文化的当前实践在继承发扬过去的科学知识、科学精神、科学方法之余,在价值观引领、伦理规范方面提出了新的要求,但科学共同体科学文化建设的主体、内容、渠道、受众的千差万别也带来了新挑战。

以科研院所为例,在国家创新体系中发挥"火车头"作用的中国科学院切切实实起到了"火车头"的作用,走在了实践的前列,这与中国科学院 2000 年前后十余年推进创新文化建设有一定的关系。类似深圳华大基因科技有限公司等具有世界影响力的企业也切实走在科学文化建设主力军的前列,在公众的科学文化建设上具有不可替代的作用,后续应该鼓励此类型的创新主体积极主动参与进来并起到探索引领作用。

"科普中国"等网络媒体平台型组织的出现为科学共同体的发声提供了专业、有效且关注度高的平台。通过中国科协、腾讯、百度和其他相关机构的共同努力,从国家层面进行顶层设计,由专业团队运营维护的科学共同体传播发声平台将在科学文化传播中发挥更大的作用。

在当前时代要求下,中国科学共同体科学文化传播的当前实践模式愈加丰富多样,为中国的文化自信提供更多元化、更高可行性的道路建设方案选择。科学共同体应立足于传统文化和新媒体传播带来的网络社交型社会文化以及全球化背景下的世界变化等多方面切入,建构适应新环境的科学传播新格局,打造具有中国特色的"开放科学、亲民科学"的科学文化传播平台。

4.2　中国科学共同体建设特征

4.2.1　当前特征之一:传播的分众化

4.2.1.1　分众化传播下的受众群相对稳定、窄小

政府与科学共同体主导的传统科学文化建设模式中,受众多是被动接受知识与文化影响的一方。5G、虚拟现实、人工智能、大数据等新技术发展

已经深度改变了受众获取知识、共享文化的渠道和体验方式,科学文化建设的路径也从单线建设变为多线交互建设,构建了立体化信息传播体系,整合式、立体式、升温式的信息传播要素在叠加、重组、交融乃至再创造的颠覆性进程中突进。新媒介传播的可共享、无差别实现全网平等获取,混合现实技术及人工智能技术等新型传播技术营造媲美现场的沉浸式体验,互联网与新技术的发展为消弭这种落差提供了可能性。科学共同体的分众化传播顺应受众的多样化需求,将受众细分,有针对性地对目标受众群进行更多、更深、更细的科学知识与文化的传播,受众作为传播系统中非常活跃的因素,成为产生传播效果的关键。市场的变化使得传播不再专注于受众的整体性而开始研究受众的个体性,受众所处的社会环境、地位、职业等逐渐成为制约传播效果的重要参数,对受众细分的研究使大众传媒朝着分众化传播的方向让信息分流。科学共同体进行分众化传播的受众群相对窄小,特征相似,对信息内容的选择与理解趋向同一,因而其接受科学文化信息后反馈给科学共同体的信息也较为单纯,科学共同体收集到的反馈信息也易于归类处理,这就保证了反馈渠道的畅通。另外,科学共同体分众化传播下的受众群体较为稳定,易与科学共同体形成一种熟悉友善的关系,提高反馈的参与性,使反馈信息更加丰富实用,同时能够确保科学共同体根据"反馈"信息及时调整传播的方式与内容,最大化地实现传播效果。

4.2.1.2 话语传播体系演化对个体个性化需求的满足能力非常看重

媒介技术的发展和交流需求的提高,促使人类的传播行为从单向传播转变为双向传播,传统的"传者"与"受众"之间清晰的界限被打破,受众的主体性得以凸显,形成受众既是传播的主体也是传播的客体的有趣形式。当前,中国科学共同体的科学文化传播开始通过"微博""微信"与各大自媒体平台改变固有的话语模式,正在新的沟通与表达方式上砥砺前行。

受众需求的个性化与多样化使得科学共同体的用户服务得以空前丰富,传媒市场中的"长尾效应"也促使个性化的智能推荐和定制化服务蓬勃发展。在传播过程中，为了满足终端个体的个性化科技内容消费需求，实践探索中走在前列的科学共同体开始聚焦受众痛点来提炼科学文化内容，使传播内容别出心裁，通过吸引受众眼球来提升话语传播力，这是值得关注的新方式。如具备初级智能推送服务的新媒体今日头条的口号是："你关心的，才是头条。"基于算法推荐的个性化新闻推送力求最大化地满足受众的个性化需求，实现史无前例的"千人千面"。今日头条设置了近60个频道，内容广泛涉猎新闻、科学、科技、电影、娱乐、时尚、游戏等领域，其中的"科学""科技"频道从"硬传播"转为巧妙挖掘个体受众对科学知识的独有需求组合。为了丰富产品的种类，今日头条还结合西瓜视频、抖音短视频、微头条、悟空问答等内容，以此吸引用户关注。无论是个性化新闻推送，还是定制化信息与知识服务，其逻辑起点都是高饱和度地满足亿万受众的个性化需求。

4.2.1.3 社交属性强化，用户数据分析得到空前重视

面向大众的科学文化在本质上就带有强社交属性，因此，今天科学共同体的运营与发展也或深或浅地带有社交属性，即要求开放性推送内容与形式资源，便于较大范围交流与分享，融入精准传播的新社会特点。社会型的受众分属于诉求差异很大的不同社群，信息的有效分享吸引具有相同兴趣和需求的受众集聚，形成新主题社群，社群内受众成员之间往往在某一科学主题上互动频繁，社交属性迭代化加强。

科学共同体通过强化信息搜索、信息订阅、信息推送和社交功能落地实操，满足受众的不同信息需求，打造自主性信息获取平台，对受众的信息获取习惯、阅读习惯、分享行为等特征进行分析，建立相应的数据库。目前这步工作一方面是基于数据或大数据勾勒出用户画像，根据受众的特定需求进行精准信息推送；另一方面，则是依据用户数据库进行知识付费等盈利模式开发。受众在媒体接触、内容选择、接触和理解上具有自主性和能动性，只有掌握好、分析好、使用好用户的个性数据，挖掘数据背后的价值，才能真

正满足今天受众的需求。

4.2.1.4 以技术为支撑提供垂直化信息服务成为科学共同体的专长

分众化传播的发展得益于信息技术强有力的支撑,信息技术可以综合应用文字、图形、影像、声音、动画等各种媒体形式,呈现出丰富多彩、形象生动的视觉效果,兼具综合性、集成性特点。计算机和互联网普及以来,人们日益普遍地使用计算机、智能手机等来生产、处理、交换和传播各种形式的信息。依赖于成熟的信息技术,科学共同体以受众喜闻乐见的具体化、形象化的方式进行科学知识传播,如受众倾向于在手机微信上浏览科学内容,表达和交流文化倾向与价值判断,"科学大院""中国科讯""知识分子"等科学共同体微信公众号的设置,确实在一定程度上满足了受众的新阅览习惯,有效传播了科学知识、科学理念,改造了固有的文化习惯。

大数据、人工智能、云计算等技术的迅猛发展支撑了分众传播导向的科技转型。以技术为壁垒,以海量数据为依托,通过机器学习感知、理解、判断用户的行为特征信息,如用户在客户端的搜索、查询、点击、收藏、评论、分享等行为,综合用户具体的环境特征与社交属性判断用户的兴趣爱好,为用户推荐个性化的信息。通过算法,可以实现客户端内容与用户兴趣高度匹配,实现智能推送。

今天,与时俱进、怀抱面向大众责任情怀的科学共同体在科学文化实践中,一方面保持强大的优质原创科学内容生产力,发挥科学共同体的专业性和权威性优势,赢得受众信任;另一方面,也已经致力于在先进技术的支撑下深耕垂直领域,打造科学共同体的科学知识特色,通过精准的定位为受众提供某一领域或某些领域的专业信息服务,使科学共同体的信息传播具有走出科学共同体的服务魅力。

4.2.2 当前特征之二：渠道的智能化

互联网快速发展，使新媒体变成了科学文化传播的重要途径，并且对科学文化渠道产生了深刻的影响。

4.2.2.1 新媒体交互性、个性化、碎片化的传播特性改变了科学文化传播渠道

科学文化特别强调传播的双向互动性，网络传播的突出特点就在于可以实现多向互动传播。新媒体开放、自由、共享的特性为科学文化在价值认同基础上聚集了一批批自主聚集的内容提供者，为科学文化的主体和内容注入了新的活力，创造出了真正原创集聚的科学知识，也创造出了新的科学消费与供给的文化生态。

4.2.2.2 新媒体数字化、大容量、超时空约束的技术特性催生了科学传播的新途径

网络新媒体扩展了我国科学文化的传播平台，近年来科普网站如雨后春笋般涌现，扩展了科学文化传播领域。以"科普"为关键词进行搜索，2018年12月1日在百度共搜索到1×10^8个结果，谷歌搜索到8.43×10^7个结果，这说明近年来互联网上关于科普的信息量庞大。当前，社会已经进入了"全程媒体、全息媒体、全员媒体、全效媒体"智能融媒体时代，新媒体普及使科学信息的传播方式不再局限于电视、报纸等传统媒体，IPTV网络电视及网络平台上科学频道、科技类App及小程序应用、社交化网络媒体（如知乎、抖音、哔哩哔哩）等，都已成为科学文化内容传播的重要渠道。

4.2.2.3　智能融媒体重构了新型科学文化建设场域

互联网背景下,网络媒体形态层出不穷,其交互性、个性化、碎片化的传播特性对传统科学文化传播方式形成了一定的冲击。新的内容业态在近几年快速涌现,确实已经开始导致传统的科学内容生产与传播方式无法满足大众的科学消费需求。

在一定意义上说,今天网络上简单的图文传播形式已无法有效吸引受众注意力,因此作为科学文化建设一个全新的服务场域,科学共同体应尽快布局科学内容的短视频传播渠道,快速培育优质短视频内容制作与传播能力,而建设的前提无疑需要一贯严谨的科学共同体解放思想、转变观念,树立更好地服务大众需求的理念与价值观。数字化网络产品在获取的开放性和便捷性上具有极大优势,依托科学知识储备发展数字科学文化产品,开发体现和承载科学文化精髓的音、视频等内容,可以使分布在全国各地的受众随时随地获取新鲜科学内容,从而大幅缩减科学文化建设和公民科学素质水平的地域差异。如中国科学院上海光学精密机械研究所研发的"七彩之光"在线科普课程已赴浙江、青海等地讲授,社会反响极佳。这些作为实现科学文化全民普惠性的重要建设举措,理应成为当前中国科学共同体肩负的责任与义务。

以微博、微信为代表的社交互动平台的发展,吸引了很多科学文化传播者的目光。以"科普"为关键词,在微博上可搜到"科普大作战""科普微故事""科普新中国"等 1000 多个讨论话题,个别热议话题阅读次数多达 85 亿。微信中的小程序和扫一扫等功能开拓了科学知识传播的新方式。"小开"是 2014 年 4 月 1 日正式上线的南开大学官方微信平台中的虚拟人,用户可以通过与"小开"互动获得各种即时信息,比如当用户游历南开园时,"小开"便会充当贴身讲解员。现在几乎所有高校都搭建了微信平台,学生只要打开手机就可以了解学校活动,查询图书馆中的相关图书信息。

App 是智能手机里的应用程序,随着智能手机的普及,移动终端软件开始迅速发展，悄然改变着人们对科学文化与科学知识的学习方式。如在科学文化传播领域表现优秀的果壳网、科学松鼠会、科学世界等都顺势开发了专属的 App，其中，科学松鼠会的 App 很有典型意义。其方式是将各类科学知识分解，并融入一定的情景，采用图文并茂的方式，向用户传播科学知识，这种方式满足了新媒介传播情境下用户的特定需求。该 App 主要包括原创、资讯、译文、活动、专题、标签六大板块，将时尚、休闲、娱乐等元素融入科学知识与文化传播中，吸引了众多用户参与，也增强了科学文化传播的趣味性。该 App 会集了一群熟悉科学、了解科学前沿的学者专家，文章原创性高，具有浓厚的科学性、知识性及很强的可读性，且选题大多涉及大众的现实生活和切身利益；在内容表达上，它能将抽象化的概念、晦涩难懂的原理，用深入浅出且通俗易懂的方式来解读，是目前国内科学文化传播领域为数不多的成功案例。科学松鼠会成名于汶川地震期间，它在震后 3 个小时，就争分夺秒、适时适景地写出了一篇高水准的科普文章《动物预报地震靠谱吗？》，并提出了深入独到的见解，随后科学松鼠会还策划了地震相关科学内容专辑。

在科学文化传播活动中，虚拟现实技术（VR）的应用使公众可以通过立体化的方式感受科学的美妙，如索尼公司探梦网站，全球第一家以"光"与"声音"为主题的公益性科普场馆，可让参观者体验到用世界最先进的数字技术制造的光与声音的艺术。在《虚拟展厅》这个栏目中，网站通过动画和图片展示了实体科技馆的立体地图，受众只要戴上 VR 虚拟设备即可参与体验，甚至还可以自己设计游览路线；"探探空间"是索尼探梦明星项目，包括探探实验室、探探俱乐部、科普俱乐部等。虚拟技术，即智能型沉浸技术的使用使科学文化的展示方式更加生动，也使专业的内容更易被公众理解。

科学文化传播是以提高公民科学素质，实现个人、社会、自然和谐发展为目的的全民终身科学教育和互动过程，加强科学文化传播是全面落实科学发展观的重要保证，是提高全民族文化素质、促进人的全面发展的重要基础。科学文化传播的主要功能是使公众理解科学技术、掌握必要的科学技术知识、提高公众的科学技术素养，使公众具备参与科技发展与应用政策讨论的知识和能力。在新时代的技术社会语境下,科学文化正发生着重要的变革,从单一、线性传播转向双向互动、全媒体协同发展。

4.2.3 当前特征之三：形式的立体化

4.2.3.1 内涵

传统媒体环境下,科学文化的传播形式以文字、图片、音频、视频、影像等单一或组合形式为主,这导致传统的科学文化传播具有内容较为乏味枯燥、吸引力不强、品质良莠不齐、观赏性较差的缺点。随着通信和网络技术的飞速发展,互联网技术和云传播等新型媒体传播技术得到了人们的关注,基于网络系统的众多优点,信息传播平台不断更新发展,多元化丰富立体的新媒体传播形式逐渐形成。

多媒体技术的运用使科学文化传播的内容更加生动活泼,具体呈现为将文字、图片、音频、视频、动画、虚拟现实等传播形式组合应用,将受众在接受科学信息时遇到的晦涩难懂的专业术语和科技原理多维度、多层次地呈现出来。多媒体技术能够充分唤醒受众的多种感官,在提升科学文化传播内容吸引力的同时,也缩短了受众与科学之间的距离,使受众更容易充分理解所获取到的科学文化知识,真正能学以致用,对实际生活产生帮助(赵红霞,2018)。

新媒体时代科学文化传播形式的飞速变化影响了人们对知识内容的认知度,充分发挥新媒体的载体功能和传播特质,无疑会有效提高科学文化传播产业的水平和能力。如今,科学文化的传播形式在传统大众传播的基础上持续颠覆式革新,科学共同体如何快速融入颠覆式传播技术决定着能否在衍生出的诸多新的主流传播场域中获得话语空间和阐释权。

4.2.3.2 变迁

1. 传统传播形式向数字汇流发展的转变

随着科技进步,科学文化传播的载体经历了报刊、广播和电视之后,前进的脚步突然加快。20世纪末兴起的网络媒介直接影响了整个世界的传播方式,现代社会演变为一个数据爆炸的时代,人类也逐渐进入了网络交互时代。互联网带来了一场空前的技术革命,作为一种新的传播工具和通信手段,满足了人们信息多元化的需求,给人们的日常生活带来巨大改变,包括对科学文化的接受形式和科技知识的消费形式的改变。网络成为文化传播的主流工具,科学文化传播真正进入一个全向交互的数字时代。

传统科学文化传播中,报刊、广播、电视发挥着载体的作用,相比今天的传播效果,其传播形式明显单一,缺乏反馈渠道,不利于受众对科学文化的吸收。报刊方面,从中国第一份科技报社的创立到20世纪80年代,中国的科技报社数量形成了一定的规模,每日发行数量也十分可观,其中较有知名度的包括《科技日报》、《中国科学报》(原名《科学报》)、《科学知识》等主要以文字、图片形式传播科技动态和科技知识的报纸。电视方面,中央电视台和地方各级电视台的专业科技类节目纷纷开播,如中央电视台的科普类电视节目《走近科学》《自然传奇》《科技博览》,北京电视台《科技人生》等。广播方面,相关资料表明,2009年,中国广播电台科学技术类栏目的收听总时长是18.28万小时(黄悦翎,2015)。在新媒体传播形式普及之前,文字、图片、音频、视频的单一或简单组合形式是大众接受科学文化传播的主流形式,由于渠道具有反馈弱、无自主选择的局限性,传播效果在大众参与这一关键指标上难以得到显著提高。

随着互联网技术的普及和发展,传统媒体已经无法拥有在制度和技术方面的垄断力,数字化传播形式展露出几乎不可阻挡的优势,在极短时间里改变了大众传播中的人类交流方式,重新改写了各类媒介的生存状态。所有的传统媒介细分产业在几乎无准备的情况下都面临着如何转变传媒经营方式的抉择和创新,这促进了传统平面传播媒体向数字化汇流的发展,传统传播媒体组织与信息内容通过现代媒体技术在新的媒体平台汇流。

与传统媒体相比较,新媒体具有独特的优势和特点。它可以消解传统媒体(如报刊、广播、电视)之间的边界,消解人与人之间、社会与社会之间、国家与国家之间的边界,消解信息发送者与信息接收者之间的阻挡与隔阂。更重要的是,新媒体能够将科学文化与知识以数字化的形式呈现并推送到人们眼前,有着传统媒体无法比拟的信息量和选择自由度,并且随时可以对不准确的信息进行修正,受众通过不同的渠道接收到的信息又能及时给予反馈和自主分享。

2. 数字化网络等多种新传播形式的大量涌现

新媒体时代来临,媒介种类繁多且更新速度极快,科学文化传播形式得以丰富多元化。网络电视及网络平台上科学频道、科技类 App 及小程序应用、社交化网络媒体(如知乎、一直播、梨视频、哔哩哔哩)等,都已成为科学文化内容传播的重要渠道。借助数字化手段和多媒介的融合,对文字、图片、音频、视频等内容予以综合利用,把报刊、电视、广播等传统媒体,与手机、平板、可穿戴设备等移动互联智能终端的新兴媒体叠加使用,从而将科学文化相关要素和内容植入丰富的数字人文情境中,呈现"1+1>2"的螺旋上升效果,形成完整的科学文化的"文化场域",带来了全新的科学文化传播路径和特点。网络平台将图片、文字、音频、视频结合起来,数字电视、互动媒体、交互游戏创新了科学文化的表现形式,数据可以自主搜索、便捷储存。传统的传播形式受到突破性的冲击,数字载体的发展极大地丰富了科学文化传播形式,促进了内容的革新。

借助新媒体技术的优势,创新科学文化的传播形式成为时代所需。2016年《移动互联网网民科普获取及传播行为研究报告》显示,18岁及以下群体更倾向于通过视频平台获取科普信息,而19岁及以上群体则更加青睐图文类科普内容。可见,数字化、视频化的科学文化传播形式易被年轻人接受和喜爱,而19岁以上群体接受科普时使用视频形式比例与使用图文形式相比不分上下。新的传播形式和传播媒介的出现，使得科学文化所涉及的知识与价值观内容得到极大的丰富和拓展。

3. 虚拟现实等智能化传播形式的出现

新媒体的智能化运用将使我们的城市智能化，使我们的文化变为智能文化。通过触摸屏技术、虚拟现实技术（VR）、增强现实技术（AR）和扩展现实技术（XR），能够使虚拟空间和现实空间发生对接，给人们带来前所未有的科学消费体验。使用新媒体独特的技术表现语言，能够使科普会展、旅游文化服务、文化保护与文化设施服务等行业的展示方式升级换代。而通过对新媒体实体空间上的适配，即基于对人们生活习惯、工作方式和交往方式的考察，合理安置不同的新媒体，全面发挥新媒体移动灵活的特点，为文化传播服务；通过对新媒体虚拟空间上的适配，如手机地图、手机银行功能的推广与实践和其他终端不断开拓的增值服务等，人们有了基于顺畅的移动通信平台消费与生活的可能。这些策略的运用必定会促进科学文化传播活动的发展，更重要的是，新媒体技术的融合特质还能够降低文化企业的创业和运营成本，有效节省社会资源，从而带来内容消费服务类"科技＋文化产业"的健康发展。

虚拟现实等智能化传播形式的出现，使科学文化传播可整合文字、图片、音频、视频为一体，并可方便快捷地加入制作者个人理解，可对信息进行传播加工以及新的诠释，将传统媒体单一表现形态的科学内容融合为多种传播形式为一体的动态内容，实现信息交互，将之有机融合在一个传播单元中。在一个界面上可通过链接方式转至另一界面，通过这种网络超链接和超文本的传输模式，由平面传播发展为立体传播，达到信息扩展的效果，让科学技术知识传播具有更好的综合性、直观性、形象性，更符合人们接受信息的思维逻辑，高效调动人体感官，实现快速学习的目的，使受众更加生动、形象地理解信息，有更多的选择权，从多个渠道多方位、立体化地体验和理解科学，从而大大提升了科学文化传播的效果（高思，2015）。

5G技术和人工智能技术叠加并普及，形成智能化传播形式。人工智能

(AI)已涉足文字音频视频制作、图像设计等多个行业,科学文化领域内基于 AI 进行内容生产制作(AGC)也逐渐成为新常态,诸如新华社"媒体大脑"(机器生成新闻)成为文化实践过程中无法忽视的趋势。智能文本和音频、视频、图像处理技术将进一步降低科学文化建设的参与门槛,减少重复性机械人力劳动,使建设者们能够更专注内容质量的提升。新媒体普及带来了全民参与科学讨论的时代,也深刻影响了科学信息的传播方式,使之不再局限于电视、报纸等传统媒体,社会进入了"全程媒体、全息媒体、全员媒体、全效媒体"的智能融媒体时代。

4.2.4 当前特征之四:机制的协同化

传统媒体环境下,政府的科技部门、科研机构、高等院校以及各产业行业的科学家、科技记者和编辑人员等扮演了科学文化传播主体的角色,"科学共同体"似乎坚不可摧。但新媒体应用以高效便捷、大容量存储、多元循环互动等特点迅速发展成为颠覆传统媒体的新力量,开启了一场公众参与科技传播的狂欢。"人人拥有麦克风"是新媒体环境下科学文化传播的最主要特征,各种新兴自媒体平台让每个人都紧握传播的自由,发布科技信息和发表相关意见的权利不再只为少数顶层或精英人员持有,科学文化传播的"传—受"的边界权益被彻底打破。公众不仅可以主动发布科技信息,还可以与科技专职人员及时互动,并且完全不受时间和地点的限制,真正实现随时随地传播。与传统媒体环境下的专业生产内容(PGC)不同,新媒体环境下,传播者和受众之间的界限变得模糊,位于传播起点的传播者不再为专业的科学文化传播组织或机构所垄断,出现了大量的以个人为单位的科技专栏作家,通过媒体或者建立自己的自媒体品牌来进行科技传播,例如微信、微博公众号的运营者,被称为用户参与内容生产模式(UGC)。

同时,由于科学与人类社会及未来的联系日趋紧密,与军事力量、政治决策愈加深入的关涉,科学的深奥与晦涩已不足以作为将公众隔离在科学共同体之外的借口,公众参与科学、主动理解科学成为社会需求与必然趋势。传统的以杜兰特"缺失模型"为代表的科学普及已经被以"公众参与科学"为特点的科学文化所取代,"参与"取代"理解"成为科学文化的核心内容。"参与"与"理解"是科学文化传播理论上前后相继、并不矛盾的两个概念,"参与"包括"理解",也包括公众对科学决策、科学研究的参与实践。

基于"公众理解科学"的语境,科学家是信息的输出者,公众被预设为缺乏科学知识的被动接受者,科学文化传播的目的即加强公众对科学的理解。在"公众参与科学"的语境中,公众在理解之外,还要积极参与影响科学事务的决策并承担责任,同时科学共同体要在决策上采取开放的态度,将公众的价值和态度考虑在内(焦郑珊,2017)。另外,随着网络信息平台的发展与完善,公众得以主动接触科学、理解科学、评价科学乃至传播科学。科学文化的传播不再是科学共同体的单向灌输和公众的单向接受与理解,而是双方参与、多元理解、多向交流的互动过程,科学资源形成了开放共享的民主机制,出现了科学文化机制从传统平台这种原始机制向传统物态平台、运营商和技术商多方合作的协同机制转变。

2014年9月,时任国务院总理李克强在夏季达沃斯论坛中以"推动创新,创造价值"为主题,在致辞中提出要掀起"大众创业""草根创业"的新浪潮,调动全社会创新、创业的热情,形成"大众创业、万众创新"的新局面。2016年《"十三五"国家科技创新规划》中提出建设高效协同国家创新体系,明确要求构建开放协同的创新网络,"围绕打通科技与经济的通道,以技术市场、资本市场、人才市场为纽带,以资源开放共享为手段,围绕产业链部署创新链,围绕创新链完善资金链,加强各类创新主体间合作,促进产学研用紧密结合,推进科教融合发展,深化军民融合创新,健全创新创业服务体系,构建多主体协同互动与大众创新创业有机结合的开放高效创新网络"(国务院,2016)。中国科协印发的《中国科协科普发展规划(2016—2020年)》提出:"引导建设众创、众筹、众包、众扶、分享的科普生态,打造科普开源发展新格局。充分发挥'科普中国'和科协组织的影响力,进一步把政府与市场、需求与生产、内容与渠道、事业与产业有效连接起来,实现科普的倍增效应。"

4.3 中国科研组织科学文化生态建设的实践案例

4.3.1 激光映照大众——中国科学院上海光学精密机械研究所

中国科学院上海光学精密机械研究所(以下简称"上海光机所")成立于1964年5月,是我国建立最早、规模最大的激光科技专业研究所。上海光机所以突出的科研成绩和自身的学科优势确立了在国内外科技界的地位,为我国现代光学和激光与光电子学的发展及应用作出了突出贡献。

上海光机所自1996年被首批纳入"上海市科普教育基地",2018年获批科技部与中国科学院联合设立的激光科学"国家科研科普基地",科普工作再上新台阶。上海光机所围绕激光科学"国家科研科普基地"建设,对标国家级基地标准,发挥"神光"高功率激光装置、上海超强超短激光装置(SULF)、南京激光科技馆等优势科研科普资源,建立健全科普工作机制,发展科普专业队伍,积极策划特色科普活动,探索开发大众喜闻乐见的原创科普作品,持续打造出具有影响力的科普品牌。

4.3.1.1 高端科研资源,助力科学文化建设

上海光机所早期集中全所力量以"两大"(大能量、大功率激光)研究为中心开拓与发展强激光科技,推动当时我国激光科技的一些重要领域达到国际先进甚至领先水平,为我国激光科技(特别是强激光科技)的长远发展奠定了理论、实验、总体与单元技术基础。目前,上海光机所拥有全国领先

的大型固体激光驱动器总体技术与研制能力,完备的高功率固体激光技术支撑体系,还具备激光载荷及国防装备工程化研制的核心能力。

近年来,上海光机所组织协调多项成果的科普模型等科普内容参加重大展示,接受了习近平等党和国家领导人检阅,并以过硬的科研实力展示赢得社会公众的良好口碑。2014年的"上光成果"和"上光人"等活动被中央电视台《新闻联播》等权威节目报道;在"伟大的变革——庆祝改革开放40周年大型展览"上,上海光机所展出的超强超短激光、冷原子钟、分布式光纤传感在高铁上的应用等科普内容得到了社会公众的很高评价;2018年11月的中国国际进口博览会上,上海光机所在张江科学城展厅展出了神光模型、空间冷原子钟、自由电子激光器、硬X射线等项目和计划;2018年全国科技周北京主会场上,时任中共中央政治局委员、中央书记处书记、中宣部部长黄坤明参观了上海光机所展出的超强超短激光实验装置(SULF)科普模型;2018年全国科技周上海主会场上,时任中共中央政治局委员、上海市委书记李强饶有兴致地参观了上海光机所展出的空间冷原子钟科普模型。

上海光机所的科普理念是高端科研资源的科普化。"上光人"提出"科研筑基石"的口号,意图在坚实的科研成果的基础上,把科研的成果用群众喜闻乐见的方式转化给社会公众。这是科研组织社会责任的体现,科研院所有责任向社会解释现有成果、目前水平、未来愿景、科学目标等系列内容。

4.3.1.2　多个科普场馆,助推长三角科学文化纵向一体化

上海光机所参与了多个重量级科普场馆的组织和建设,包括"神光"高功率激光技术科普教育基地、强场激光物理国家重点实验室、南京先进激光技术研究院、上海先进激光技术创新中心、羲和激光装置参观走廊等。

南京先进激光技术研究院由上海光机所与南京经济技术开发区管委会双方共建,秉承"科技创新,产业报国"的发展理念,重点围绕激光应用装备、激光显示、激光检测仪器、激光加工、激光与光电子材料等领域,打造国际一流的激光产业技术研究院,成为激光产业界的创新引擎,为我国激光领域的

科技创新和产业结构转型升级提供强有力的科技支撑。激光科技馆的科普内容全部由上海光机所提供,是我国目前唯一的激光专业科技馆。

上海光机所在上海嘉定建设了上海先进激光科技创新中心,联合地方政府共同进行科研成果的产业孵化工作,致力于将科研成果转化成适合市场的产品。"神光"高功率激光技术科普教育基地和强场激光物理国家重点实验室作为上海光机所的龙头实验室,接待了大批社会公众来访参观。上海光机所希望依托上海嘉定、浦东和南京等科普场馆,助推长江三角洲科普领域的纵向一体化发展。

4.3.1.3 系列科普微视频,助力科学文化教育

上海光机所积极推动科普教育工作,开展了"追光逐梦"系列科普微视频、"七彩之光"在线科普课程的创作,多项作品荣获中国科学院科普微视频大赛奖项,并荣获优秀组织奖。

2015年,上海光机所策划制作了"追光逐梦"系列科普动画第一季20集,发布之后取得极佳的社会反响,并被《光明日报》连载。该系列动画遴选了20项与光学相关的诺贝尔奖,采用科普动画和卡通的形式,展示了与光学相关的诺贝尔奖背后的故事、科学的知识。其中微视频的最初创意构架由所长李儒新院士提出,站位高,创意早,在2015年微视频不是很发达、智能手机也才刚刚出现不久的情况下,李儒新对负责科普的同事提出要求:"你们不要做长了,就做短的,但是要成系列的,要可爱的。"

此后,上海光机所依托研究生队伍,以项目组的形式与一家名为"木槿"的新媒体公司进行合作,上海光机所提供科学问题、语言初稿及思路想法,新媒体公司负责动画制作及创意加工,所有制作完成的动画,都经过科学家审核,然后依托"中科院之声"的微信平台发布。由于平面动画展示可能略显过时,"追光逐梦"的第二季顺应潮流,采用主播形式,辅以增强现实等技术进行制作。为了体现科研院所的原创性,主播全部由上海光机所的研究生担任,贴近年轻人群,播出效果非常好。

"七彩之光"是 2015 年发布的在线科普课程,围绕各个激光主题制作微视频,并出版专著《智慧光学》。上海光机所的研究生到中学授课,辅以演示与主题有关的互动实验。该科技课堂已赴上海、浙江、青海等多地开展,社会反响较好。在此基础上,受到启发的上海市青少年科学创新实践工作站通过科学研究小课题的形式,复刻了研究生的科研模式,为公众提供走近科学、规范学术、实现创想、发展兴趣的平台,推动科普教育工作稳步进行。

4.3.1.4 多样的科学文化活动,助力科学的传播与流行

上海光机所多次参与"全国科普日"宣传工作,科普志愿者带着光学互动小实验、光学科普课堂走出科研院所,进驻全国科技周上海会场,奔赴青海高原,使光学科技走近社会公众,为提升公众科学素质作出贡献,荣获上海市"全国科普日"活动优秀组织单位和优秀科普活动称号。上海光机所积极探索新兴的科普传播模式,研究生自编、自导、自演的科普话剧,上座率很高;邀请科学家上演科普脱口秀,拉近了科学家和普通民众的距离。除此之外,上海光机所始终积极地参与科博会、上海书展、校园科技节、科技嘉年华等科普教育活动,并组织参与上海市科普讲解大赛、科普创意大赛、科学大侦探等科普项目,积极创新多项科普内容,获得了新闻媒体和社会公众的广泛关注和好评。

青海湖边是上海光机所量子关联成像的外场基地,当地学校资源匮乏,没有专职的科技老师,也缺乏科技馆之类的社会资源。上海光机所决定和当地的藏民学校进行互动型科普共建,将研究生志愿者、"七彩之光"课堂送到那里去,并附上了科普教具,还对当地的老师进行了培训。在这个过程中,研究生志愿者收获很大,在高原的特定环境下开展科普活动,展现了他们的奉献精神和责任感。

4.3.1.5 致力高端科研资源科普化的意识强、意愿高

上海光机所作为国内领先的光学科研机构,科普工作除了将基础的光学知识向青少年及普通民众进行普及外,特别值得关注的是致力于将高端前沿的科研资源科普化,为重量级的前沿科研成果制作科普模型,在国家乃至世界级的科技展会上展出。

2018年北京科技周主会场,上海光机所在正中央大厅旁的位置展示了超强超短激光、冷原子钟、分布式光纤传感(应用于高铁),并在冷原子钟上打上了上海光机所的标志;而场馆里除了中国科学院以外,其他打自己标志的单位几乎没有。

2018年11月,上海光机所参加了首届中国国际进口博览会在张江科学城的展览,这是上海市对接的一次十分重要的活动,整个展厅分为"蓝天梦""创新药""中国芯"3个部分。上海光机所在展厅中不仅展示了超强超短激光,还展示了自由电子激光器、硬X射线等体量惊人、投资巨大的项目,同时展示了神光模型、空间冷原子钟等。习近平总书记参观时频频点头,肯定了上海光机所在激光科学领域的突出贡献。

上海光机所参加的张江科学城展览,项目的建设周期非常短,只有不到1个月的时间,但是上海光机所的科普人员在日常的工作中,就将专业的、高难度的科普展品制作出来,在需要展示的时候,能够及时应对,不仅基于上海光机所本身丰厚的前沿大科学成果,也离不开科研人员强烈的科学文化传播的使命意识。

4.3.1.6 科学文化建设立场引导下的科普工作体系

上海光机所科普工作已建立较为完备的领导管理机构、工作体系和所内管理评价制度。科学传播工作领导小组由该所领导和各个部门的负责人、实验室主任组成,一个重大的科普计划,在流程上类似于重要的科研项目,须由每年一次的领导小组会议通过才可以执行。各个研究室和科普志

愿者负责支撑的部分,科普志愿者是其中的主力军,主要由所内研究生做具体的科普工作。上海光机所的研究生会将科普作为基础工作来规划执行,针对科普志愿者,所内已有专门的科普志愿者管理条例,但该管理条例在处理一些细节问题时,仍有一定的困难。另外,上海光机所还依托中国科学院青年创新促进会(由中国科学院的青年科学家组成的组织,中国科学院每个所都有自己的二级或三级的青年创新促进会)开展了许多科学教育项目。

虽然建立了较为完备的科普工作体系,但上海光机所目前所有的科普工作都由兼职的科普人员完成,包括科普主管在内。中国科学院科学传播局下只有一个处的部分职能是管理科普工作(其余包括新闻宣传、政务信息、舆情管理、出版、党建等),而在上海光机所内,上述职能集于一人之身,因此主要职能只能是大科学传播,科普工作仅占据较小的部分。

上海光机所的大多数科普工作依赖于科普志愿者和研究生会。研究生会设立了专门的科普促进部,每年招募大量志愿者充实队伍。但由于专业门槛的限制,多数时候只有研究生参与其中。然而,由于研究生面临着学习和科研任务的压力,科普项目时常受到影响。是否应当设立全职科普人员,怎样设置才是合理可行的,都是亟待解决的现实问题。

除此之外,许多青年科研人员也积极参与到科学文化活动中,不少青年科学家将科普作为科研项目进行申请。目前,上海市参照科研项目的方式对此类科普项目进行管理,但在实施过程中难免遇到一些问题。一个现实的问题是,如果简单地把科普项目当作科研项目来管理,依照相关条例,便不能给本所的在职人员发放劳务费,只能发放给研究生或外聘专家。科普项目是否应该参照此标准? 访谈时,上海光机所的相关负责同志对此提出异议,毕竟无偿的科普工作极有可能挫伤科研人员的积极性。

4.3.1.7 "上光精神"——科学文化的精神支柱

2018 年 10 月,根据中国科学院党建工作领导小组《关于开展"讲爱国奉献,当时代先锋"主题活动的通知》要求,上海光机所党委结合实际,制定并印发了《上海光机所开展"讲爱国奉献,当时代先锋"主题活动方案》。根据活动方案,并结合"不忘初心、牢记使命"主题教育活动,上海光机所党委举办了"听上光故事、凝上光精神、展上光风采"主题活动,会议邀请了上海光机所原所长王之江、原副所长胡企铨分别做题为"对激光反导的探索"和"从空间激光中心看上海光机所改革开放40年"的主题报告。报告结合上海光机所老一辈科学家艰苦创业的科研故事,围绕新时代"上光人"肩负的改革创新发展使命,讨论和凝练支撑延续上海光机所进一步创新发展的"上光精神",真正把思考的成果转化为推动当下和未来科技创新工作的强大动力,不辱科技报国的初心和使命。报告后,各支部紧锣密鼓地进行了讨论和设计,在此成果的基础上,上海光机所党委总结整理形成"上光精神"正式发布:"专注激光,深耕现代光学的使命担当;顶天立地,忠于国家人民的家国情怀;创新进取,致力学科协同的科学精神。"

上海光机所"听上光故事、凝上光精神、展上光风采"主题系列活动旨在引导全所人员追溯建所初心,探寻发展轨迹,最大限度地激发全所科技工作者的报国情怀、奋斗精神和创造活力,让全所职工和研究生在信念与精神的寻根溯源中,探索"上光人"的共同初心,感受"上光文化"的深厚底蕴,牢记和践行科技报国使命。

在当代科学共同体科学文化的建设中,精神建设尤为重要,但时常在实践中缺位。上海光机所敏锐地捕捉到时代的需要和科研人员的需求,结合上海光机所的光辉历史和光荣传统,总结提炼出具有高度概括性和代表性的"上光精神",集中体现了"上光人"科技报国的使命感和努力奋斗的爱国主义精神,为当代科学共同体科学文化的建设,尤其是精神建设做出了有益的示范。

4.3.2 智慧传播——中国科学院

4.3.2.1 中国科学院科学文化内涵

在极为关键的科学文化智慧传播这一广阔领域之中，中国科学院自始至终都发挥着无可替代的、举足轻重的关键作用。它不仅仅全力以赴地致力于大力培养科学家对传播科学文化的强烈意识，而且还通过积极举办一系列精彩纷呈、丰富多彩的科学艺术沙龙活动，成功地为科学家搭建了一个能够进行深入思考以及展开广泛交流的重要平台。这些意义非凡的活动孕育出了数量众多的关于科学文化传播的崭新思路和创新想法，而且活动中涌现出了大量具有典型代表性的智慧传播优秀案例，从而为科学文化的全面普及以及良好传承强势注入了全新的生机与活力。

4.3.2.2 科学家群体智能化传播实践

中国科学院科学文化传播研究中心（以下简称"传播中心"）与中国科学技术大学粒子物理学家群体之间的深度合作，堪称科学文化传播品牌化运作的典范。科学家内生传播团队在提供专业科学前沿探索内容的"转译"提炼方面发挥着关键作用，他们全程参与传播方案的设计与执行，确保内容和过程提炼的科学性与专业性。这种深度参与不仅加深了专业传播团队对基础前沿科学的熟悉与理解，更是科学话语体系向公众话语体系转译不失真的关键前提。传播中心则依托其丰富的经验和专业的能力，为科学家们提供了一站式的传播服务。他们根据受众需求，制定专业的传播计划与交互流程，确保信息的精准传递。此外，传播中心还积极联动知名科学文化传播者袁岚峰的个人科普品牌"科技袁人"视频号直播，通过直播形式将科学知识传递给更广泛的受众，进一步提升了科学文化传播的效果。

在内外协商同构的融合传播模式下,中国科学院成功搭建起了高端科普资源科普化转换的聚集平台"FIND 论坛"。这一平台会聚了众多优秀的科学家和科普工作者,他们共同分享科学前沿进展,探讨科学文化传播的新思路和新方法。通过 FIND 论坛,大量公众得以近距离接触科学、了解科学,从而提升公众对科学的兴趣。

中国科学院还明确提出内外团队融合传播方式,将全院科学文化传播相关专业组织、研究单位、科普基地、志愿者团队等作为科学文化传播工作体系的重要组成与支撑。在中国科学院科学传播局的协调管理下,各院所具体领域科学共同体得到了科学文化传播服务的有效支持,形成了良好的科学文化传播生态。

同时,中国科学院还积极融入国家融媒体战略,与外部团队及成熟融媒体平台建立长效沟通的协作机制。通过与主流媒体、新媒体平台等合作,中国科学院将科学文化传播的内容以更加生动、形象的方式呈现给公众,进一步提升和拓宽了科学文化传播的影响力和覆盖面。

在智慧传播理念的指导下,中国科学院与下属机构形成了以内外团队融合传播为特色的科学文化传播矩阵平台。这些平台如"中国科普博览""科学大院"等,在科普自媒体领域取得了显著成绩,吸引了大量关注者。这些平台通过发布科普文章、视频,开展直播等多种形式,向公众传递科学知识、展示科学魅力,提升了公众对科学文化的认知度和关注度。

4.3.2.3　重大科技项目科学文化传播实践

中国科学院还高度重视重大科技项目的科学文化传播工作。如 500 米口径球面射电望远镜(FAST)和国际热核聚变实验堆计划(ITER)等项目,在推进科研进展的同时,也积极开展科学文化传播活动。通过举办科普讲座、开展开放日活动、发布科普作品等多种形式,向公众展示这些项目的科研成果和应用前景,提升了公众对科学文化的兴趣。

同时,中国科学院还积极借鉴国际经验,与美国国家航空航天局

(NASA)、英国国家科研与创新署(UKRI)等国际组织开展合作,以共同承担科学文化传播项目、共同举办科学活动等方式,不仅学习了国际先进的科学文化传播理念和方法,还扩大了科学文化传播的国际影响力,推动了科学文化的全球传播和交流。同时,这也促进了不同国家和地区之间科学文化的融合与发展。例如,在与 NASA 的合作中,双方共同研究宇宙天体的奥秘,将研究成果通过多种渠道向全球进行分享,激发了人们对探索宇宙的浓厚兴趣;而与 UKRI 的合作,则在生命科学等领域取得了丰硕成果,使得相关科学知识能够广泛传播。

中国科学院还积极参与国际科学会议和研讨会,在这些平台上展示自身的科研成果和科学文化传播经验,与来自世界各地的科学家和科学传播机构进行深入交流和探讨。通过这种方式,进一步拓宽了科学文化传播的视野和途径,为全球科学文化事业的发展贡献了重要力量。

此外,中国科学院还注重培养国际化的科学文化传播人才。通过与国际组织联合开展培训项目、交流访问等活动,让更多的科研人员具备国际视野和跨文化交流能力,从而更好地推动科学文化的国际传播。

科学文化智慧传播需要多方协同努力。中国科学院通过培养科学家们的科学文化传播意识、举办科学艺术沙龙对话活动、构建科学文化传播矩阵等多种方式,不断提升科学文化传播的效果和影响力。同时,中国科学院还积极融入国家融媒体战略、与国际组织开展合作,以更加开放、包容的姿态推动科学文化的普及和传承。在未来的发展中,中国科学院将继续发挥其在科学文化智慧传播领域的引领作用,为提升公众科学素质、推动科学文化的繁荣发展作出更大的贡献。

4.3.2.4 中国科学院智能化传播思考

随着科技的不断进步和社会环境的日益复杂化,科学文化传播的重要性日益凸显。在这个时代背景下,中国科学院及其下属机构以智慧传播理念为指引,不断开拓创新,推动科学文化传播工作的深入发展。

第一,中国科学院在提升科学家的科学文化传播意识方面着重下工夫。通过组织各种智慧传播形式的培训、讲座和研讨会,引导科学家关注科学文化传播的重要性,掌握科学文化传播的技巧和方法。同时,中国科学院还鼓励科学家积极参与传播科学知识活动,将科学研究成果以通俗易懂的方式传递给公众。

第二,中国科学院注重科学文化传播内容的创新和优化。科学文化传播不仅仅是传递知识的过程,更是传递思想、激发兴趣的过程。因此,中国科学院努力将复杂的科学原理用简洁明了的语言表达出来,将抽象的科学概念用生动形象的例子进行解释。同时,还注重将科学知识与日常生活相结合,让公众能够更好地理解和应用科学知识。

第三,中国科学院还积极探索科学文化传播的新渠道和新形式。中国科学院充分利用互联网、社交媒体等新媒体平台,将科学文化传播的内容以更加生动形象的方式呈现给公众。同时,还通过举办科普展览、科普讲座、科普电影等多种形式的活动,吸引更多的人参与到科学文化传播中来。

综上所述,中国科学院在科学文化智慧传播方面作出了积极的探索和贡献。通过培养科学家的科学文化传播意识、创新科学文化传播内容、探索科学文化传播新渠道和新形式以及加强国际合作等方式,不断提升科学文化传播的效果和影响力。这些努力不仅推动了科学文化的普及和传承,也提升了公众对科学的认知和兴趣,为社会的科技进步和文化繁荣奠定了坚实的基础。

4.3.3 原本山川,极命草木——中国科学院昆明植物研究所

中国科学院昆明植物研究所(以下简称"昆明植物所")是中国科学院直属科研机构,也是我国植物学和植物化学领域最重要的综合性研究机构之一。

4.3.3.1 昆明植物所科学文化思想的核心内涵

昆明植物所在超过80年的植物学研究实践中积累了丰富的经验,形成了以"原本山川,极命草木"为核心理念的科学文化思想。

昆明植物所以"原本山川,极命草木"为所训,同时"原本山川,极命草木"也是昆明植物所科学文化思想的核心内涵,其中蕴含着以认识植物为基础、以利用植物为方法、以造福于民为目标的科学文化精神。

"原本山川,极命草木"出自汉代辞赋大家枚乘的名作《七发》,其中有"既登景夷之台,南望荆山,北望汝海,左江右湖,其乐无有。于是使博辩之士,原本山川,极命草木,比物属事,离辞连类"。"原本山川,极命草木"是考察山川之本原,穷尽草木之名称的意思。

昆明植物所的前身云南农林植物研究所的创始人、所长胡先骕曾把"原本山川,极命草木"刻在奠基石上。昆明植物所在1958年独立建所后,第一任所长吴征镒院士沿用了此句作为所训。吴征镒对其的解释是"其深意在植物既是环境和资源的重要部分,又必用于提供资源以改造环境"。昆明植物所的一代又一代科学家,都在自己的科研创新历程中传承与发展着昆明植物所的核心科学文化,一个典型的例子就是昆明植物所的植物资源调查工作从1938年一直持续到今天,认识植物、利用植物而造福于民的价值观历久弥新。昆明植物所长期以来开展的丰富的植物学基础研究与应用研究就是认识植物、利用植物、造福于民的科学文化在科技创新活动中的具体实践,都承载并深化着昆明植物所"原本山川,极命草木"的科学文化思想。

同时,"原本山川,极命草木"也是昆明植物所开展科学文化传播工作的宗旨:发展生命科学,通过研究自然、认识自然、阐述自然的科研实践,维护自然生态,保护与利用植物资源,造福于国家民族乃至人类。昆明植物所的科学文化活动与作品也都突出了"原本山川,极命草木"的科学文化思想。

昆明植物所在我国的生态文明建设、生物多样性保护、生物资源的持续利用和产业发展等方面都作出了重要贡献,在科学技术创新的发展过程中有力践行了"原本山川,极命草木"的科学文化价值观。

4.3.3.2　昆明植物所科学文化建设的科学实践基础

昆明植物所是中国科学院直属的一所重要的植物研究所,致力于植物学和植物化学领域的研究。昆明植物所致力于探索植物的世界,总结有关植物的知识,发展植物的可持续利用方法,造福人类。

昆明植物所的植物学科研创新体系由"三室一库一园"构成。"三室"分别是主要研究方向为植物分类学与生物地理学的中国科学院东亚植物多样性与生物地理学重点实验室、主要研究方向为植物化学与天然产物研发的植物化学与西部植物资源持续利用国家重点实验室、主要研究方向为民族植物学与区域发展的资源植物与生物技术重点实验室。"一库"是研究野生种质资源保藏与利用并已保存野生植物种子10048种(截至2019年3月)的中国西南野生生物种质资源库。"一园"指的是研究所的支撑机构昆明植物园及其下属的丽江高山植物园。

昆明植物所的科研创新独具特色,在植物分类与生物地理、植物化学与天然产物研发、野生种质资源保藏与利用、民族植物学与区域发展、资源植物研发与产业化方面取得了丰硕的成果。昆明植物所的科研资源为社会提供了良好的效益,在植物中高含量天然产物功能发掘与利用、特色资源植物研发与产业促进、典型区域特色生物产业示范与民生改善、智能植物志与综合服务等方面都向社会提供了优质的科学技术服务。

4.3.3.3　昆明植物所的科学文化在建设与传播间的相互作用机制

科学文化需要扎实的建设,也需要有效的传播,建设体系发挥了场域内的作用,传播体系发挥了场域外的作用。科学文化建设与传播之间形成的融合协同场域,能够培育良好的科学文化生态。

昆明植物所科学文化的传播体系除了带给公众科学知识的普及,更重要的是传播了昆明植物所在科技创新环境下的新战略目标,构建起人们对于植物学、植物化学和植物资源的认识、利用和保护方面的科学意识,为新时代中国的可持续发展与文化创新作出了独特而重要的贡献。

科学文化建设与传播的主体和辐射源点是昆明植物所人。昆明植物所人常怀赤子之心、谨记先辈之训、探索万物之理、汇聚人文之情、善存浩然之气。这种"热爱祖国,忠于人民;原本山川,极命草木;热爱生命,尊重自然;博采众长,全面发展;修德修身,自律自强;崇尚科学,务实求真;刻苦钻研,勇于创新;不忘初心,逐梦前行"的创新实践精神,从科学领域辐射到文化领域,有机地融入新时代社会当中,使昆明植物所科学文化传播的受众也能够在自身的文化实践中不断地获得创新。

4.3.3.4 传统植物学的科学传播形式

传统的植物学科学文化一般都以植物学的宏观研究领域产生的科学知识作为内容,一般都离不开介绍被展示植物的外观形态与生长状态、自然地理分布环境、开发历史与经济价值等方面。更为细致的内容会涉及阐述特定种类植物的基本特征和系统分类研究历史,记载一定地域条件下植物在某类若干属的具体分类单位,一般在表述时每种会有形态描述、特征插图、生长环境、分布和必要的讨论等。学术性较强的传播内容一般都会提供该类植物的分属检索表、各属的分种检索表。同时参考文献、汉名和拉丁名索引,以及各属代表种的彩色图片也是植物学研究的必要呈现内容。近年来也出现了不少以植物学微观研究内容为基础的科学文化传播产出。植物学的科学文化传播,一般需要在准确扎实的科学知识内容的基础上,面对不同的科学传播需求,对传播内容进行合理的整编与优化。

传统的植物学科学文化传播可以通过多种形式进行,主要是通过文字、图像、视频等形式进行传播。总体上都属于传统的传播途径,交互能力与探索开发能力较弱。

1. "文字+图像"形式

主要以相关刊物、图书为主,还包括专业的植物志。

大部分关于植物的通俗读物都包含了大量图片，这既有作者为了形象地表现植物作为有生命力的自然生物存在的因素，也受植物分类学研究实物与标本图样采集的学术传统的影响。也就是说常见的传播形式是"文字＋图像"。

植物学科学传播影响力较大的刊物都使用了"文字＋图像"的表现形式。创办于1787年的《柯蒂斯植物学杂志》，由植物学家柯蒂斯发起，其特色是植物科学画，手绘的植物能够带给受众独特的审美价值。《The Plant》（原名《The Plant Journal》）是一本大众植物杂志，登载了很多高清彩色图片，内容围绕植物展开，其特色是结合了文化要素，扩展到园艺、设计、艺术、烹饪等方面，还扩展到民族植物学的田野研究故事，使受众大大拓展了对植物与植物学研究的认识。创立于丹麦的《BLAD》没有采用传统园艺杂志的模式和植物展示的模式，而是将角度转向城市中的有机生活方式，《BLAD》邀请本土设计师、摄影师、艺术家一起参与内容创作，被英国《Wallpaper》杂志称赞为"植物的诗歌"。设计优良的刊物具有足够的吸引力，但是纸质刊物普遍存在传播范围较小的问题，而且与受众互动不足。

2. 视频形式

特别值得注意的是，代表各国各地区植物物种多样性研究水平的大型系列专著性总结的各类植物志是以"文字＋图片"形式传播植物科学文化的一个典型代表。各国与各地方的植物志记录了人类已知的最全面的植物分类研究的知识，但是其卷帙浩繁、内容专业，与普通受众的科学传播诉求存在一定的距离。

视频形式的植物科学文化传播多见于视频与纪录片。英国广播公司拍摄制作的几部以植物为主要内容的纪录片作品《The Private Life of Plants》《Kingdom of Plants》《How to Grow a Plant》制作精良，影响较大。中国也为2019年北京世界园艺博览会特别拍摄制作了主题纪录片《改变世界的中国植物》，昆明植物所是这部纪录片的重要协作单位之一，北京世界园艺博览会开幕后此纪录片在电视及网络主流平台同步播出。视频形式能够从多个连续的时间与空间角度动态记录植物的状态,传播植物科学知识,但是同样存在交互不足的传播困境。

传统的植物科学文化传播形式存在不足的原因:一是传播形式的局限;二是植物本身以一种相对静态的方式存在,不像能够在大范围空间活动的动物那样有吸引力。所以需要特别注意科学文化传播形式的创新,以提升植物科学文化的吸引力与影响力。

4.3.3.5 聚焦核心内涵的昆明植物所科学文化传播实践形式

昆明植物所科学文化传播形式、渠道和举措如表 4.1 所示。

表 4.1 昆明植物所科学文化传播形式、渠道和举措

传播形式	传播渠道	代表性产出	场所、设施	人员	信息化系统
文字+图像	出版物、网络媒体	学术期刊、专著、科普图书、科研新闻发布链条	科普场馆与装置体验	科普活动	资源数据库
音、视频	电视媒体、网络媒体	参与《朗读者》、协助《改变世界的中国植物》《KIB空中视野》	扶荔宫、植物科普馆、种子博物馆、种子杆装置	深入参与式研学活动	iFlora 平台、Kingdonia 数据中心、Bio-tracks App

1. "文字+图像"形式

在学术上,昆明植物所在依托科研创新的基础上发表高水平论文、编写专著、主办期刊,把"原本山川,极命草木"的精神展现得淋漓尽致。

在"认识植物"方面,昆明植物所历史上参与编写了非常重要的几部图书,包括《中国植物志》《西藏植物志》《云南植物志》《中国植被》等,为摸清全国与部分地区的植物家底作出了重要贡献。"认识植物"方面的产出一直在持续。2019 年 4 月,由昆明植物所杨祝良研究员主编、葛再伟和梁俊峰等专家参与完成的《中国真菌志》第 52 卷《环柄菇类(蘑菇科)》正式出版。《中

国真菌志》是代表我国真菌物种多样性研究水平的大型系列专著性总结,迄今已出版 52 卷,其中 4 卷由昆明植物所专家主编完成。目前,昆明植物所相关专家正在主持其他卷的编研工作。

高水平学术论文同样是传播科学文化精神强有力的媒介,承载着"认识植物,利用植物"的科学创新价值观。2018 年,昆明植物所的科研人员共发表 SCI 论文 583 篇:影响因子大于等于 9 论文 28 篇,Top 5% 论文 46 篇(其中影响因子大于等于 9 论文 22 篇),Top 10% 论文 110 篇(含影响因子大于等于 9 和 Top 5%),Top 15% 论文 160 篇(含 Top 10%);第一作者单位发表 SCI 论文 279 篇:影响因子大于等于 9 论文 18 篇,Top 5% 论文 34 篇(其中影响因子大于等于 9 论文 16 篇),Top 10% 论文 70 篇(含影响因子大于等于 9 和 Top 5%),Top 15% 论文 95 篇(含 Top 10%)。2018 年昆明植物所共出版专著 9 部。2018 年昆明植物所主办期刊的国际影响力提升显著。主办的《Fungal Diversity》(《真菌多样性》)影响因子再创新高,达 14.078,在全球真菌学领域期刊中排名第一。

2018 年是昆明植物所建所 80 周年,昆明植物所在《Plant Diversity》(《植物多样性》)和《Natural Products and Bioprospecting》(《应用天然产物》)上组织建所 80 周年系列专刊,综述昆明植物所植物学、植物化学的近年成果,向全世界同行展示昆明植物所学术成果的积淀,体现了昆明植物所科研创新中蕴含的"原本山川,极命草木"科学文化思想,提升了社会影响力。

昆明植物所还形成了一套相对较为成熟的科研新闻发布链条,研究成果产生后,会先后经昆明植物所网站中英文发布、中国科学院网站中英文发布、中国科学院媒体平台发布、约稿科研人员形成并发布科普文章,由微信公众号发布、微信朋友圈转发,再由微信朋友圈影响下的新闻记者采访约稿这样层层推进的科研新闻传播渠道,有针对性地发挥各种媒体渠道的传播优势,扩大昆明植物所科研成果的社会影响力,提升公众对于植物科学研究的认识水平。

昆明植物所科学文化价值观反映所在"文字+图像"传播形式之下的关

键在于科学的"真"。除了在学术研究、学术著作和学术传播中对"真"的绝对追求,昆明植物所在科研新闻的采编与传播当中也全力保证了科学文化的"真"。昆明植物所的新闻宣传、网络宣传、政务信息、信息公开、舆情应对和科学普及职能管理归口综合办公室。综合办公室在科研新闻的采编过程中负责对接科学家,科研新闻完成之后进行第一轮审稿,并由相应的科学家把关,由部门领导确认以后再进行第二轮审稿,审稿通过之后再通过媒体发布。新闻稿无论是由所内人员采编还是由媒体记者采编,通过这样的流程都能够保障科技新闻的真实性与准确性。昆明植物所在科学传播中通过稳定有效的运行机制践行了科学文化价值观中的"真"。

2. 音、视频形式

视频的动态记录能够为公众带来层次丰富的科学文化观感。

昆明植物所在2017年秋拍摄制作了《KIB空中视野》,从宏大、震撼的空中视角视频切入昆明植物所,并融入昆明植物园的秋季景色,使受众领略到昆明植物所的植物、建筑和地理环境的独特魅力。

昆明植物所目前在主流媒体影响力最大的视频传播输出就是参与中央电视台《朗读者》节目的昆明植物所植物学家曾孝濂与他的植物科学绘画(图4.1)。

曾孝濂长期参与了《中国植物志》的田野调查与绘图工作。1959年,曾孝濂以半工半读形式进入中国科学院昆明植物所研究植物学。《中国植物志》项目启动后,他被调入植物分类室,绘制植物科学画,直到退休。植物科学画,不是依据植物大概的外部长相来描绘的,也不是像相片一样简单复制。植物科学画有自己的一套绘画语言,它必须比照植物标本,精准地传达植物的科学特征,所谓"先画对,再画好"。2004年由吴征镒院士担任第四任主编的《中国植物志》全套出版问世。这套累计经历80多年研究与编写,拥有126卷册、5000多万字、9000多幅图的巨著收录了31142种植物,是中国植物分类学研究的里程碑。《中国植物志》不仅摸清了中国植物的家底,也体现了中国植物学科学家的科研创新精神,更加昭示了"原本山川,极命草木"的科学文化思想。在《中国植物志》中具有重要学术价值的植物科学画也是这样的科学文化思想的一种体现。

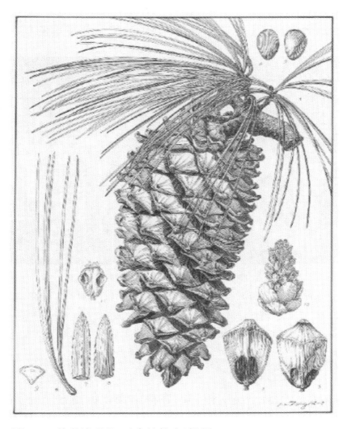

图 4.1　曾孝濂手绘《云南植物志》插图

植物科学画的作品是静态的,但是借助中央电视台《朗读者》节目,通过视觉和听觉相融合的传播形式,向公众立体化传达了科学文化价值观中由"真"发展到"美"的历程(图 4.2)。

曾孝濂认为:"摄影能够记录植物的瞬间,科学绘画记录的就是植物的永恒。"植物科学绘画对于科学正确性与准确性有极致追求,是认识植物的主观能动方式,同时人能够从植物科学画作特别是以种子植物的花为题材的植物科学画中加深对于植物学与生物地理学的理解,得到爱和美的感知。植物科学绘画在《朗读者》电视节目播出后取得的热烈反响就是对昆明植物所的科研创新与科学文化传播中蕴含的信念、坚持和传承的积极肯定。

图 4.2　曾孝濂参加中央电视台《朗读者》节目

资料来源:八雅轩,2019. 他是中国最会画画的科学家,拿起画笔 60 年,从未放下的"纸上造梦师"[EB/OL].(2019-10-06)[2023-12-04]. https://www.sohu.com/a/345266933_100020068.

3. 场所、设施

科学与科普设施对于昆明植物所在科学文化传播方向的实践起到了重要的支撑作用:第一,昆明植物所科学文化的建立、传承、发展、传播需要研究所的科研场所与设施的支撑;第二,昆明植物所的科学传播活动需要专门的科普场所与设施的支撑;第三,传播植物学研究的科学文化需要有承载作为活态内容的植物的场所的支撑。

昆明植物所以"三室一库一园"为主体,分别从植物分类学与生物地理学研究、植物化学与天然产物研究、民族植物学与区域发展研究、野生种质资源保藏与利用和植物资源与生态系统承载的不同维度实践了以认识植物、利用植物、造福于民为内涵的"原本山川,极命草木"的科学文化思想。

昆明植物所在科学文化传播中参与科普日、科技活动周等大型科学传播活动时，需要实验室等科研场所开放，以提供给公众对于利用植物的科学方法与科学文化的直接认识渠道。植物科普馆内容分为"植物的起源与进化""植物的家谱""植物与环境""植物与人类""丰富多彩的植物世界"5个部分，其全部由昆明植物所、植物园的职工提供图片实物并撰写文字内容，较为系统地介绍了植物知识，并重点突出了云南植物资源及植物景观，传播了感知植物、开发植物资源的理念。昆明植物所的种子博物馆在传播植物种质资源收集、保藏与利用的科学知识方面提供了示范作用，种子博物馆里的科普装置——种子墙，则是基于昆明植物所前期与2010年上海世博会英国馆"种子圣殿"的合作，通过装置设计的方式，赋予植物种子艺术化的表达方式，并且通过光照的方法有机地融入了昆明植物所的所徽形象，在促进公众认识植物种子的科学知识与科学文化方面起到了积极效果。

昆明植物园本身就是其科学文化传播实践的重要设施手段，园区中种类繁多的植物与多样的植物培育区显示了活态植物生存的原本面目与地理条件，而其中的热带环境温室建筑"扶荔宫"，则通过人工手段建设了热带雨林气候条件与热带荒漠气候条件的植物种植培育场所，使得公众能够对比昆明原有的气候条件与植物种类分布，直观地加深对于植物与地理环境相互关系的感知，进而加强对植物学田野研究中"原本山川，极命草木"的科学文化思想的认识。

4. 人员

通过人员活动的形式传播科学文化，是最具有生命力与实践性的一种方式。

研学活动作为科学传播与科学普及的具体形式，不少情况下都容易陷入走马观花的困境，难以取得实质性的科学文化传播与科学素养提升效果。

由于昆明植物所在植物学与植物化学基础研究中的深厚积累，在面向中学生开展科普研学活动时，采取的是深度参与的互动式探究。参加研学活动的中学生需要参与为期5天的研究活动，以植物化学课题的研学为例，研究活动需要参与者拟定实验目的、学习实验原理、设计实验流程、实施实验操作、获取实验结果、处理实验数据、撰写研究报告、完成研究评价与反馈。在经历了这样一个接近真实植物化学研究的计划与程序之后，参与者能够获得深刻的科学素养与科学研究能力的训练，一些较高水平的中学生、研学参与者甚至能发现新的植物。

昆明植物所的深入参与式研学活动能够培养青少年对植物学研究的创新热情，有效地丰富和提升参与者的科学知识与科学素养，从人员的路径传播了科学地认识植物、科学地利用植物资源而造福于人民的价值理念，传承了"原本山川，极命草木"的科学文化思想。

5. 信息化系统

昆明植物所依托自身科研创新的资源积累，建设了独具特色的信息化数据网络系统，在新时期为社会认识植物、利用植物提供了优良的科学技术服务。

智能植物志的 iFlora 信息平台是将植物学、DNA 测序技术和信息技术相结合，通过整合植物学研究和信息化关键技术而建立的平台。它集成了样品收集、遗传信息获取、形态学和 DNA 数据分析等功能，为植物学专家、植物科学行业、政府部门和公众提供便捷、准确的植物识别和相关信息获取的信息化支持。iFlora 平台通过建立工作机制和制定标准规范，借助已建设的科学数据库和研究所各科研部门的数据积累，对植物科学研究资源的核心数据、基础数据和拓展数据进行系统整合，构建了我国的维管植物标准数据库，建立了一个支持数据汇聚、融合和服务的应用平台。平台能够为海关、司法、药检等政府决策部门和社会公众便捷、准确地了解与获取植物多样性和遗传信息提供全新的认知方式和信息化支撑平台。iFlora 平台能够带动培育和拓展我国植物物种识别人群，提升植物学研究文化的实践水平。

Kingdonia 数据中心是昆明植物所标本馆数据中心的标本子库平台，为准确认识植物提供了资源积累与服务的信息化数据支撑。Kingdonia 数据中心具有以下几个特点：基于云端开发，系统具有良好的伸缩性；搜索体验便捷,满足分类学家、植物爱好者的不同需求;采取了新的录入模式,降低了实体标本的损坏概率,并使得数据录入速度提升了 5 倍以上,另外工作人员也可以在野外网络状态下直接录入采集信息,从而大幅提高了日常标本数据的入库速度;采取了以条形码为唯一标识的标本管理体系,可以降低错误入库的概率;具备强大的科学数据统计功能;将来标本子库可以配合 Kingdonia 数据中心的其他模块,为个人提供更优秀的植物学数据管理服务。

Biotracks App 由昆明植物所的中国科学院东亚植物多样性与生物地理学重点实验室主导开发,使用者在野外环境下采集植物时,能够使用 App 记录自己的户外行动轨迹并与其他用户分享,能够根据拍摄的照片与位置信息生成个人图片地图,还能够探索感兴趣的物种,与其他用户一起发现与分享周边更多的图片与行动轨迹。Biotracks App 在移动互联网与社交媒体的传播语境当中找到了植物学研究与植物科学文化的开放交互实践模式,使得"原本山川,极命草木"的科学文化思想焕发出新的生命力。

4.3.3.6　中国科学院昆明植物研究所科学文化传播体系的核心价值观

昆明植物所的科学文化传播体系,以丰富有效的传播实践方式与技术实现形式,既传播了植物学研究的宏观方面,也传播了植物学研究的微观方面,使"原本山川,极命草木"蕴含的认识植物、利用植物、造福于民的精神深入人心。

科学文化是人类文化的一个子集,对于科学文化传播的实践,首要的也是必须保证的基础是"真"。与植物科学画中蕴含的"先画对,再画好"思想类似,昆明植物所在科学文化的传播过程中通过较为完善的机制与措施,保障了科学文化中"真"这一内涵的完整传达,满足了公众对于科学文化"真"的意愿理解与实践诉求。

昆明植物所科学文化传播的实践,追求的最高境界就是"美"。昆明植物所的科学文化传播体系,可以说是"原本山川,极命草木"的科学文化思想向人民表达"美"的历程,其科学文化传播体系的核心理念就是"植物之美,各美其美,美人之美,美美与共,天下大同"。

4.4 中国研究型高校科学文化生态建设的实践案例

4.4.1 蔡元培的"兼容并包"与北京大学科学文化传承

北京大学成立于1898年,是中国近代史上首个国立综合性大学,它的成立与清末的变法维新运动密切相关,最初名为京师大学堂,辛亥革命后改为北京大学。作为中国新文化运动的发源地和核心,北京大学对整个中国的思想、政治和文化领域产生了深远的影响。

4.4.1.1 "思想自由,兼容并包"的文化土壤培育

蔡元培是中国著名的革命民主主义者和杰出教育家,被视为中国现代教育事业的先驱。在民国时期,一股"尊孔复古"的思潮对大学文化产生了冲击,而北京大学仍然保留着旧时衙门的作风,带有科举时代的陈旧习气。蔡元培在这种背景下担任了北京大学校长,他的到来给北京大学的文化和精神带来了巨大的改变。从1916年到1927年,蔡元培积极适应时代潮流,进行整顿和改革,倡导了独特的教育管理思想,强调"思想自由,兼容并包",致力于培养学术人才。他对北京大学进行了大规模的改革,开创了研究学问的新风尚,使原本沉闷的北京大学焕发了新的活力,成为中国顶级学府。蔡元培倡导的"兼容并包"的教育理念已成为他教育精神的象征。

蔡元培的思想之所以独特,根源在于他的成长背景和求学经历。在30岁之前,他深受中国儒家传统思想的影响,作为进士出身,他曾担任翰林学

士,这在中国传统学术文化教育中被视为极高的荣誉。他曾在《上海各学术教育机关欢迎华虚朋集会上演说词》中提出:"我国学术史上,法家偏重群性,道家偏重个性,均不适于我民族的习惯。唯儒家能兼顾个性与群性,流行至二千年不替。"然而,蔡元培并不受传统思想的束缚,1902—1926年,他6次前往欧洲进行游学,接受了先进的西方教育,兼学中西文化,熟悉两种文化的优劣,并认为中西文化应当平等对待。他主张中国传统文化与西方先进文化应该追求平衡和协调,吸取双方的长处,避免短处,这种中西文化的交融将会产生一种新的文化。

蔡元培的文化观具有深厚的哲学底蕴,崇尚科学、民主和独立自由的精神。他对美感教育有着深刻的印象,并受到德国哲学家康德和叔本华学说的深远影响。他将自己的研究领域扩展到科学、伦理和艺术,形成了一种独特的中西融合的文化观。对于中西文化的冲突和差距,他的态度既不保守也不盲从,既不崇洋媚外也不妄自尊大。林语堂曾高度评价蔡元培在中西融合思想方面的造诣,称他为"真正懂得西洋思想和文化"的人。

4.4.1.2 科学文化回响

1. 废门改系

1919年,蔡元培对近代科学发展有了新的理解和认识,他认为当前的文理分科制度容易造成文科与理科之间产生界限,导致文科学生忽视理科知识学习,而理科学生对文科知识也存在轻视的现象。因此,他提出了对学科管理体制进行改革的主张,即"废门改系"。这一改革使得北京大学的组织结构从原来的"大学-课-门"3层结构变为"大学-系"2层结构,全校设立了14个系别。废门改系的目的在于融通文科和理科之间的界限,促进文理相互渗透,推动学生全面和谐的人格发展,实现蔡元培所倡导的融通文理的教育理念,这使得北京大学成为一所以文理科为主的综合性大学。

2. 跨学科组织设置

北京大学多学科的院系设置、种类丰富的跨学科组织为跨学科人才培养提供了多样的组织载体,而纵横相接的矩阵式协同治理体系对跨学科人才培养进行了有效的管理。

(1) 齐全的学科门类及院系设置

为了转变北京大学的风气,蔡元培以德国大学为参照,提出了"兼容并包"的办学方针:"大学者,'囊括大典,网罗众家'之学府也……哲学之唯心论与唯物论……常樊然并峙于其中,此思想自由之通则,而大学之所以为大也。"在此方针引领下,北京大学改革教师聘任制度,广纳不同学派的贤才,同时还提倡学生可以根据兴趣选择课程,不同专业可以互相旁听。蔡元培曾说:"就学生方面来说,如果进入一所各科只开设与其他学科完全分开的、只有本科专业课程的大学,那对他的教育将是不利的。"

跨学科人才培养是涉及两个或两个以上学科或领域的人才培养模式,多学科是其重要基础和前提。北京大学拥有自然科学、技术科学、信息与工程科学、医学、人文等多门类、多学科,是国内目前学科最齐全的综合性大学之一。同时,设有理学部、信息与工程科学部、人文学部、社会科学学部、经济与管理学部和医学部共六大学部(表4.2)。学科专业齐全为北京大学跨学科人才培养提供了天然优势和基础条件。

表4.2 北京大学院系设置

学 部	下属学院/系/研究所/研究中心
理学部	数学科学学院
	物理学院
	化学与分子工程学院
	生命科学学院
	城市与环境学院
	地球与空间科学学院
	心理与认知科学学院
	建筑与景观设计学院

续表

学部	下属学院/系/研究所/研究中心
信息与工程科学部	信息科学技术学院
	电子学院
	计算机学院
	集成电路学院
	智能学院
	工学院
	王选计算机研究所
	软件与微电子学院
	环境科学与工程学院
	软件工程国家工程研究中心
	材料科学与工程学院
	未来技术学院
人文学部	中国语言文学系
	历史学系
	考古文博学院
	哲学系(宗教学系)
	外国语学院
	艺术学院
	对外汉语教育学院
	歌剧研究院

续表

学　部	下属学院/系/研究所/研究中心
社会科学学部	国际关系学院
	法学院
	信息管理系
	社会学系
	政府管理学院
	马克思主义学院
	教育学院
	新闻与传播学院
	体育教研部
经济与管理学部	经济学院
	光华管理学院
	人口研究所
	国家发展研究院
医学部	基础医学院
	药学院
	公共卫生学院
	护理学院
	医学人文学院
	医学继续教育学院
	第一医院、人民医院、第三医院、口腔医院、临床肿瘤医院、第六医院、第六医院深圳医院(共建)、首钢医院(共建)、国际医院(共建)、滨海医院(共建)

续表

学　　部	下属学院/系/研究所/研究中心
跨学科类	元培学院
	北京国际数学研究中心
	前沿交叉学科研究院
	科维理天文与天体物理研究所
	核科学与技术研究院
	燕京学堂
	现代农学院
	人工智能研究院
深圳研究生院	信息工程学院、化学生物学与生物技术学院、环境与能源学院、城市规划与设计学院、新材料学院、汇丰商学院、国际法学院、人文社会科学学院

资料来源：北京大学，2019. 学部与院系［EB/OL］. （2019-12-15）［2023-12-04］. https://www.pku.edu.cn/department.html.

北京大学在学科与专业齐全的基础上建立起了丰富多样的跨院系课程、跨学科项目、跨学科专业、辅修/双学位。例如，截至 2022 年，北京大学共有 23 个院系 57 个专业开设辅修，18 个院系 35 个专业开设双学位，这些辅修和双学位都以北京大学多个学科和院系设置的专业为基础。没有这么多不同的专业，辅修和双学位的设置无从谈起。

与此同时，北京大学在保持传统学科组织并努力推动它们在跨学科人才培养方面的合作以外，又设置了种类丰富的跨学科组织。这些跨学科组织主要分为两类：

一是与人文学部、理学部等学部并列的跨学科类学部与院系（表 4.2），其下又分为重在人才培养的住宿书院（元培学院和燕京学堂）以及兼顾科学研究与人才培养的学院（研究院）。

二是跨学科的专门研究机构。这些具有不同职能与性质的跨学科组织，灵活适应着不同层次、不同领域、不同规格的跨学科人才培养。其中，元培学院建立起了一套中国特色的博雅教育计划和北京大学风格的本科人才培养模式，推动了整个北京大学的跨学科人才培养。从课程来说，学院邀请各院系杰出教师负责授课，打造特色高水平通识课程体系，同时，元培学院学生可在教学资源允许的条件下，自由选择全校各个专业的任意课程。高水平的通识课程、全校自由选课使得元培学院学生既具有广泛的多学科基础，又具有个性化的跨学科知识结构，从专业来说，北京大学设置的 6 个跨学科专业中有 5 个是元培学院设立的。此外，学院还通过设立跨学科项目，举办多学科、跨学科讲座来培养学生的跨学科素质。元培学院是北京大学本科跨学科人才培养的试验田，其自由选课制度、通识教育课程体系以及跨学科专业已从该学院走向整个北京大学。

这些齐全的学科门类与专业设置为更多跨学科项目、跨学科专业的生成提供了可能性。截至 2022 年，北京大学设有"古典语文学"等 6 个跨学科项目，"政治学、经济学与哲学"等 6 个跨学科专业。这些项目和专业是北京大学整合和利用多个不同学科和院系的资源形成的，如"政治学、经济学与哲学"就是由元培学院与政府管理学院、中国经济研究中心和哲学系联合设立的新型复合专业。

（2）创办研究所

蔡元培主张大学应设立多个科学研究所，强调教育与科研的紧密结合。他认为研究所的建立是中国大学教育成熟的标志。蔡元培心目中的北京大学是一个学者（包括教师和学生）共同从事学理研究的集体，大学在教学和科研两个任务上都扮演着重要角色，而科学研究所则成为最关键的平台。蔡元培非常注重培养学生自主研究的积极性，并积极借鉴国外经验，大力发展本国的研究学术机构，以最大限度促进师生进行独立研究。北京大学在这个时期建立的研究所主要按照文科、理科和法学科的学门组织。尽管这些研究所的设备不够完善，运行体制也尚不成熟，但它们作为国内高等学府中最早自主成立的研究所，在促进中国学术研究和科研结合方面具有重要意义。对于蔡元培在北京大学的革新,当时蔡元培的重要助手、后曾任北京大学校长的蒋梦麟作了这样生动的描述:"当时的总统黎元洪选派了这位杰出的学者出任北京大学校长。北京大学在蔡校长主持之下,开始一连串重大的改革。自古以来,中国的知识领域一直是由文学独霸的,现在,北京大学却使科学与文学分庭抗礼了。历史、哲学和四书五经也要根据现代的科学方法来研究。为学问而学问的精神,蓬勃一时。"

齐全的学科门类及院系设置可为元培学院和前沿交叉学科研究院等跨学科组织提供多学科教育的课程、师资等必要的资源。正如前沿交叉学科研究院创始院长韩启德所说:"创建学院的旨意是充分发挥北京大学理、工、医、人文社科等学科齐全的优势,建设一流交叉学科研究基地,促进前沿科学发展,培养跨学科人才。"以前沿交叉学科研究院(Academy for Advanced Interdisci-plinary Studies,简称 AAIS)为例,该机构成立于 2006 年 4 月,是在全国高校中率先开辟跨学科研究的试验田。AAIS 下设 10 个研究中心和 1 个系,涵盖数学、物理学、化学、生物学、医学、工学等学科的众多交叉研究领域。AAIS 主要培养研究生,目前正逐步完善以中心为主体、以交叉为特色、以需求为导向的研究生跨学科培养体系。同时,AAIS 下设中心,如生命科学联合中心、定量生物学中心、科学技术与医学史系也承担本科教育的职能。由于每个中心的研究领域涉及多个学科,所以其生源、师资的组成亦是多学科的,如 AAIS 生物医学跨学科研究中心的研究生指导教师来自理学部、信息与工程学部、医学部和多家临床医院。

4.4.1.3 科学文化创新与人才培育

蔡元培在任北京大学校长期间,倡导"囊括大典,网罗众家"和"兼容并包"的思想,开创了北京大学追求科学与民主自由精神的新时代。他推动了学术文化的创新,提高了学术的地位,对深入研究高深学问给予了崇高的重视。与此同时,传统封建学术的权威已经消失,为各种学说提供了自由发展的机会,使得北京大学出现了学派众多、百家争鸣的活跃景象。蔡元培创建了研究国学门的机构，以科学的方式弥补了对传统文化研究的不足，达到了弘扬和创新传统文化的目标。蔡元培对中国教育传统思想进行了创新，致力于培养更多具备完全人格的人才，对我国教育事业的发展产生了深远影响。

跨学科人才培养理念已成为北京大学共识，从校长到教师群体都看到了跨学科在人才培养、科学研究与学科发展等方面的关键作用，也因此注重向学生强调跨学科学习的重要性。作为"领导一所大学的最高行政领导和学术核心组织者"，校长的办学理念对跨学科人才培养理念的树立与实践的推进至关重要。近些年，北京大学连续多任校长在重要场合提倡跨学科的学习方式。如王恩哥在2014年新生开学典礼上说道："北京大学提倡博雅教育，希望同学们不要囿于一隅，处理好'专'与'博'的关系，抓住可以利用的时间广泛涉猎，研习古今中外的经典。未来几年是大家打基础的阶段，……这个基础要宽一点、厚一点、深一点才好。"林建华在2017年开学典礼上强调北京大学致力于将学生培养成为"能够引领未来的人"，并指出"学部内自由转专业、全校自由选课和跨学科的培养计划"为学生"追随好奇心""探索自然和人类自身奥秘"提供了"广阔的选择空间"。郝平在2020年开学典礼上提出要立足于解决气候变化、自然灾害、重大疾病、病毒传播等人类发展共同面临的重大问题进行学习与探索。龚旗煌在2022年开学典礼上提出要培养学生"有容乃大"的气度，做到正视自己、欣赏他人、心怀世界。

在制度保障上，根据对北京大学相关制度的考察，其全面的跨学科学习支持制度、教师的联合聘任与双聘制度以及严格的通识课与跨学科项目（专业）管理制度等一系列制度，为其跨学科人才培养实践运转提供了系统而有力的保障。

第一，通过大类招生、推迟选专业、新生教育与导师制等制度帮助学生了解北京大学丰富的学科和专业设置，向学生提供探索和发现自身学术兴趣和发展需要的机会，避免一开始就将学生束缚在某一较窄的专业方向。具体而言，北京大学实行大类招生和推迟选专业制度，本科生在完成前两年基础课后,在院系和学科大类内选择合适的专业方向。同时,北京大学规定"院系要进一步落实本科新生导师制度,并通过开设新生研讨课程、新生训练营、著名学者上课和讲座等多种形式为新生提供全方位的新生教育和学业规划指导"。

第二,通过教育资源共享制度为学生提供了丰富的跨学科学习选择,满足学生多样化的跨学科学习兴趣与求知需求。其一是课程资源的共享。北京大学实施了最广泛的课程资源共享:2016年本科教学改革后,北京大学"各院系本科必修和限选课程在教学资源许可的前提下向全校所有本科生开放",这与前面提到的专业选择制度等相结合,使得学生在未选专业之前可以借此广泛接触和了解他们考虑的学术领域,而且也可以在选择之后利用这种机会探索辅修、双主修和双学位等第二兴趣领域。其二是专业资源的共享。通过实施辅修、双学位制度,北京大学实现了专业资源的共享,为学生提供了多样化的专业选择。其三是不同学科学术信息的交流与共享,如不同学科科研成果的共享、不同学科文献资料与数据库资源的共享,方便师生进行跨学科研究与学习。

第三,通过学分制、弹性学制等制度给予学生跨学科学习自由,同时保证学生的跨学科学习质量。学分制的重要理念是保障学生的学习自由,但为了避免过度分散和过度聚焦,有必要通过学分制对学生的跨学科学习进行指导与规定。这突出表现在对通识课程的修读要求上。自2020级学生起,北京大学对通识课程的总学分要求为12学分,其中至少修读一门通识核心课,且在"人类文明及其传统""现代社会及其问题""艺术与人文"以及"数学、自然与技术"4个课程系列中分别至少修读2学分。此外,北京大学还实行弹性学制,学生可根据自身学习安排,申请提前1年或推延1~2年毕业,这无疑为跨学科和个性化学习提供了时间条件。

4.4.1.4 共有身份认同

大学精神是大学的历史、传统、校风和特色的体现,是全体成员创造和认可的核心精神和科学文化的价值导向,具有凝聚、激励、保障和引领的作用。蔡元培在受到法国国旗三色旗(象征自由、平等、博爱)的启发后,将北京大学的校旗设计成现在的形式,校旗左右对称,左侧为黑字的"北京大学",右侧为红、蓝、黄三色的条纹。不同颜色代表不同学科领域,红色代表物理、化学等"现象的科学";蓝色代表历史、生物进化等"发生的科学";黄色代表植物、动物、生物等"系统的科学";白色代表哲学;黑色代表玄学。蔡元培通过校旗再次肯定了北京大学的思想自由和学术宽容,为人们提供了对思想自由和包容的另一种理解方式。这种理念在蔡元培领导北京大学期间深深融入了北京大学的精神和文化,并为后来的发展奠定了基础。蒋梦麟担任北京大学校长期间,在北京大学25周年纪念会上发表了演讲,即后来的《北大之精神》,强调了学校具有宽容包容的精神和思想自由,这是对蔡元培理念的重申和肯定,并直接以"北大精神"来命名。当人们提到"北大精神"时,往往首先想到的是思想自由和包容。在蔡元培倡导的思想自由和包容的理念下,北京大学也成为五四运动的发源地。

　　蔡元培时期的北京大学是国家学术水平的象征,全体师生积极传播和参与社会革新思想。北京大学在蔡元培时期创造的大学校园文化对社会的进步作出了巨大贡献,在社会文化和政治等方面发挥了重要的引领作用。蔡元培倡导学校向社会敞开大门,为社会培养人才,传播科学知识,提高普通大众的文化水平。蔡元培在担任北京大学校长期间提出的"兼容并包、兼收并蓄"的精神与中国传统思想中的"宇宙情怀"、中国文化中蕴含的"和而不同""文化共生"等理念相契合,都倡导广泛的包容性。同时,中华民族在漫长的历史进程中形成了独特的民族精神,这些精神可以丰富文化内涵。进入全球化时代以来,各国大学通过学术文化交流国际化已成为普遍趋势和共同追求,大学已经成为科学文化传播的重要平台,是沟通和融合不同文化、塑造科学文化生态的桥梁和纽带。

4.4.2 钱学森的"文化设计"与中国科学技术大学科学文化基因

4.4.2.1 钱学森的初始思考与中国科学技术大学工程学科文化基因的输入

16世纪以来,科学技术迅猛发展。伴随着独立科学研究、专门化科学教育,以及产业化科学的技术应用的快速发育,作为与新兴文明共同体——科学共同体集群的价值弘扬、范式创建与规则成型的自然结果,相对独立的科学文化系统逐渐形成。科学文化系统包括科学精神与理念、科学方法与思想范式、科学知识3个维度,其中科学知识是基础层,科学方法是工具层,科学精神是方向与伦理规制层。应该说,科学文化的核心是科学精神,科学精神是科学共同体及附属科学家在追求自然与万物真相、持之以恒逼近真相的科学探究活动中,所形成和发育出的精神气质与价值追求。

韩启德在"科学与你"(Science and You)国际研讨会上提到:近现代的中国,科学文化主流是追求民族图存、国富民强,而因此对科技的力量寄托了救亡图存、兴国安邦的特别鲜明的诉求。中国的科技知识分子在接受、坚持、传播和推广科学文化的艰辛历程中,逐渐培养了与中国传统文人截然不同的理性精神、民主思想和自由观念,同时,他们也形成了深厚的集体认同、民族意识和对家国的情感。这种科学文化的精神特质一直延续至今,并深深融入了一代又一代中国科学家的血脉中。在这种背景下,"钱学森之问"作为特殊文化诉求的凝聚性表达应时而生——"为什么我们的学校总是培养不出杰出人才?"

1. 工程学科的发端:近代力学系创办的国家紧迫需求背景

中华人民共和国成立初期,面对国际上非常大的围堵压力,中国工业现代化和国防现代化建设的庞大需求凸显,近代力学学科的重要性也因此而涌现。现代科学体系的功能化布局通常认为,力学本身的学科属性更偏理论与方法论,然而,作为工科领域的核心学科,力学在自然科学和工程技术之间扮演着关键的桥梁角色,它是航空航天、机械工程、土木工程、国防工程等众多国家重大工程技术的基础支撑。可以说,一个国家的力学水平在很大程度上反映了其工业和国防实力。

1949年之前,中国在一些工科专业,如机械、土木、水利等领域零星地开设了一些力学课程,但并没有专门培养力学专业人才的学科和研究机构,导致力学人才和研究基础相对薄弱。1956年,《1956—1967年科学技术发展远景规划》(简称"十二年科技规划")的制定将原子能和火箭技术列为迫切需要发展的重要尖端技术。在这个背景下,作为基础学科规划的一部分开始高度重视力学学科的发展,并明确提出了发展空气动力学、物理力学等学科以支持航空工业的发展。为了满足大量工程建设的理论需求,固体力学、流体力学等学科被确定为国家重点发展的学科,这表明力学在中国科技和学科发展中的重要性前所未有,成为国家科技战略的关键组成部分。

然而,钱学森(图4.3)等力学专家们意识到学科基础的薄弱与国家需求之间存在巨大差距,并开始思考解决之道。当时,中国最有代表性的机构之一,即中国科学院力学研究所(以下简称"力学所"),仅有86名高级和初级研究员,其中仅有5人属于具有世界级或准国际水平的顶尖力学专家。而北京大学力学专业每年仅能毕业40多名学生,预计未来2~3年内包括其他学校的毕业生在内,力学专业毕业生总数只有约300人。显然,这样的人才状况无法满足"十二年科技规划"中对力学专业人才的巨大需求。1958年,钱学森担任了力学所所长,提出了以国家需求为目标的发展方向,并根据"上天、入地、下海、服务工农业生产"4个方面的重要性要求组织研究工作。此时,中国"两弹一星"(最初"两弹"指原子弹、氢弹,后指核弹、导弹,"一星"指人造卫星)研制任务正处于起步阶段,作为"两弹一星"工程重要负责方的中国科学院急需大批优秀的科研人才来支撑此事。

在钱学森、郭永怀、严济慈等科学家的建议下,趁着"教育大跃进"蓬勃开展的形势,中国科学院党组于1958年5月9日向主管该项国家工程的时任国家副总理聂荣臻和中宣部呈送了由中国科学院开办一所新型大学的请示报告（佚名，1958a）。后来，钱学森在写给时任中国科学技术大学校长朱清时的信中也提到了这一背景："回想40年前，国家制定了十二年科学技术远景规划，要执行此规划需要科学与技术相结合的人才；航空航天技术是工程与力学的结合，所以成立了中国科学技术大学。"（侯建国，2008）中国科学技术大学力学系就是在这样的背景下开始启动创办的。

图 4.3　钱学森

2. 力学系怎么建：钱学森主导下的中国科学技术大学模式

1952 年中国高校进行大规模院系调整后，高等教育体系按照苏联的模式进行了重组，主要目标是整顿和加强综合性大学，以培养工业建设所需的人才和教师为重点，重点发展了工科学校和单科性的专门学院，从而加强了技术教育，这些扩大的工科学校和学科为引进苏联技术提供了更多的人才支持。鉴于当时国家人才培养的目标，为了满足苏联援助项目对师资和工程技术人才的需求，对基础研究的重视相对减弱了。

在1952年的院系调整中，理科和工科的分离是一个重要特点。就力学学科而言，根据苏联大学模式，在综合性大学中力学专业被纳入数学力学系，主要培养理科背景的力学人才，典型的例子是北京大学的数学力学系培养模式。而工科学院则将培养目标定位为技术工程师，并按行业或产品设置专业。尽管力学是各类工科专业的必修课程，但它在工科教育中的地位更多强调直接服务于特定行业的需求。因此，工科教育专业被细分、学制被缩短，相应的基础课程如力学也根据专业需求尽可能地压缩和简化。这种培养模式虽然以最快的速度为工业部门培养了工程师和技术人员，促进了一般性工业的快速发展，但也导致了工科学生在基础学科方面较为薄弱。

"两弹一星"功勋奖章获得者郭永怀的夫人李佩教授回忆：1958年4月，钱学森与郭永怀、杨刚毅一起在北京西山讨论力学所应承担的"十二年科技规划"纲要任务时，都感到力学研究需要一大批新型的、年轻的科技人员（郭永怀时任力学所副所长，杨刚毅时任力学所党委书记）。他们都感到近年来分配到力学所的大学毕业生能力有所欠缺，北京大学的偏理科，清华大学的偏工科，而急切需要的是介于科学家和工程师之间的人才，即能够兼备两方面知识基础与工程能力的毕业生（黄吉虎，2012）。因此当时他们3位提出力学所要办一所大学，名字就叫宇航大学，对这件事他们3位研究探讨了好几次，并得到当时力学所所有高级研究人员的赞同。

1958年4月底，时任中国科学院院长郭沫若在京召开各研究所所长会议，会上钱学森正式提及力学所打算办一所大学的事。此事一提出就引起了各位与会所长的高度关注，大家纷纷表示赞同，因为各研究所年轻研究人员的选配都与力学所的情况类似，多数存在明显不合用的状况。当时，中国科学院各研究所的所长都是科学大家，如原子能所的赵忠尧，物理所的施汝为，电子所的马大猷，自动化所的武汝扬，动力室的吴仲华，地质所的侯德封，数学所的华罗庚，生物所的贝时璋，地球物理所的赵九章等。他们对为服务国家需求办一所新型大学的事都有强烈的兴趣。

在郭沫若的积极支持下，在很短时间内形成了由中国科学院办一所大学的共识。1958年5月9日，时任中国科学院副院长张劲夫代表中国科学院向主管国务院科技工作的聂荣臻元帅打报告，聂荣臻元帅又于5月21日呈报中共中央书记处，并得到周恩来总理的首肯。6月2日，邓小平在中央书记处会议上批示，同意中国科学院成立一所大学，并由中国科学院郭沫若院长、竺可桢副院长、吴有训副院长、严济慈学部委员会主任，教育部黄松令副部长，以及钱学森、杜润生、郁文、赵守攻等9人组成筹备委员会。新成立的筹备委员会立即着手开展工作，工作的速度和效率令人吃惊，仅3个月的时间，一所新型的理工学科融合的大学——中国科学技术大学于1958年9月20日在北京西郊玉泉路19号正式成立。这些史实都完整地记载在中国科学院的档案中。

在筹备中国科学技术大学时，钱学森的工作已经很繁重。1955年10月8日钱学森一家从美国返回中国后，1956年1月16日由陈毅亲笔签署批复了中国科学院关于成立力学研究所的报告，中国科学院发文任命钱学森为力学研究所所长；1956年2月，钱学森提出《建立中国国防航空工业的意见》；1956年4月，成立中华人民共和国航空工业委员会，聂荣臻任主任；1957年2月18日，时任国务院总理周恩来签署任命书，任命钱学森为国防部第五研究院院长并兼任该院一分院（即日后的中国运载火箭技术研究院）院长。

在筹备成立中国科学技术大学的过程中，钱学森是中国科学院在北京各所中唯一一位以所长的身份进入国务院任命的筹备委员会中的，当筹委会需要力学所大力支持时，钱学森不仅亲自担任力学和力学工程系的系主任达20年之久（1958—1978年），同时又把时任力学所副所长郭永怀推荐给学校，担任化学物理系的系主任。而时任动力室主任吴仲华担任了工程热物理系的系主任。筹备初期，钱学森还力荐时任力学所副所长晋曾毅担任中国科学技术大学的副校长。

在力学系建系之初，钱学森以国际化的开阔视野和丰富的国防大科学工程参与经验，敏锐地意识到新的力学人才的培养模式与国家国防工程紧密衔接的紧迫性,他在十分繁忙的情况下,亲自领导拟订了力学学科的专业设置、学生培养方案、课程教学计划,规划出在当年中国具有高瞻远瞩价值的英才培育方向,同时他还坚持亲自给学生授课并指导学生科研活动。

关于新的力学系要培养什么样的国家急需人才,钱学森(1957)提出:"要做综合自然科学和工程技术,要产生有科学依据的工程理论需要另一种专业的人。而这个工作内容本身也成为人们知识的一个新部门:技术科学。由此看来,为了不断地改进生产方法,我们需要自然科学、技术科学和工程技术3个部门同时并进,相互影响,相互提携,决不能有一面偏废……这3个部门的分工是必需的,我们肯定地要有自然科学家,要有技术科学家,也要有工程师。"特别是在直接应用于工程技术领域的应用力学方面,想要在航空航天等关键领域取得突破性成就,技术科学家是不可或缺的。然而,在当时的中国高等教育体系中,几乎没有专门培养技术科学家的学科门类,这是一个严重的缺口,迫切需要一所大学来探索相应的人才培养模式。这种培养模式作为中国科学技术大学最初力学学科的设计性文化基因被奠基性地输入,这从今天来看是具有特别意义的理念及实践。

当前,国际科技、经济和社会发展正处在重大的模式转型阶段。新一轮信息科学和产业技术革命以大数据、云计算、物联网和人工智能等为核心正在酝酿发展,工程领域的新业态已初现端倪,预计在不久的将来,这种新业态将呈现出颠覆性的特征。在工程技术实践方式发生变革的背景下,我们对工程和制造过程的一般认知将发生颠覆性的转变,这包括技术形态上的数字化、信息化和物联化,规模形态上的分散化、个性化和定制化,以及产业形态上的宏观思维、关联性和平台化等方面。同时,这种转变伴随着一种和谐共生的理念和文化背景,颠覆性地改变了我们对生产理念和服务理念的认知演变,这涵盖了政治形态上的多领域互动、广泛协作,以及人文形态上的同理心和关爱服务。

面向新兴技术创生融合引发的产业发展逻辑的颠覆性趋势和需求,世界高等工程教育面临着新机遇、新挑战已毋庸置疑。就目前来看,中国工程教育与人才培养面临着若干基础设计上的突出问题,如工科教育理科化趋势,工程人才综合实践能力缺乏,工科教育的核心能力定位不明确,所学知识技能与产业和国家大科学工程需求缺乏契合等。可以预见,在未来20~40年(2030—2050年)的中远景战略情境里,技术与产业变革趋势下的工程"新业态",对工程科技人才培养带来的新要求或许是另一种"颠覆"。

自2016年以来,基于"新工科"视角的工程教育讨论在教育部的引导下逐渐兴起。"新工科"倡议是中国工程教育对"互联网+""中国制造2025""一带一路"等国家重大战略的积极回应和思考。其核心目标是设计出规模化的人才培养方案,以解决国家和产业在重大需求和科技需求方面的挑战,并能够快速融入高等教育体系实施,旨在迅速改变工程科技人才在新兴产业涌现时面临明显不足的现状,随着讨论的深入,逐步形成了"复旦共识""天大行动""北京指南"等纲领性文件。

中国科学技术大学依托"新工科"时代背景和钱学森等创始人给工程学科输入并已形成文化传统的国家情怀、教育理念和操作智慧,结合钱学森2008年致信中国科学技术大学对学校实现第三次创业的殷切建议,即科学、技术、艺术(设计)融合一体培育新型技术人才。2018年4月14日,第二届"墨子论坛"上,中国科学技术大学校长包信和提及:中国科学技术大学将按照"11+6+1"的学科布局,重点建设18个学科,除了新医学之外,还将发展"新工科",培育新的学科增长点。发展包括量子信息科学、人工智能与大数据、工程科学、新能源等在内的"新工科"。在交叉学科上,中国科学技术大学将发展脑科学和类脑智能、量子信息与网络安全、医学物理与生物医学工程、管理科学与大数据、力学与材料设计、信息计算与通信工程等。从2015年开始,"跨界联合设计"联合教学实验班与中国美术学院设计学院、Intel、IBM、百度、讯飞联合实践从艺术跨界角度出发,对"新工科"进行了延伸和拓展,培养了"理工结合+艺术"新型技术人才。

3. 特殊的科教融合设计:"所系结合"的当年与现在

(1)力学系成立之初的"所系结合"情况

经历过第二次世界大战军事工业与民用工业大量级融合发展后,科学基础理论转化为工程和技术应用的周期大大缩短。到了20世纪中期,科学和技术在相互需求和相互促进的作用下迅速发展,逐渐形成了统一的科学技术体系和科技教育体系。一方面,技术发明越来越依赖于科学的支持,在许多领域,基础科学的研究已经达到了相对完整的阶段,其理论基础不断为技术的进步开辟新的方向,并且以更快的速度向应用开发和产业化方向转化。另一方面,现代科学的进步有赖于技术装备的支持,而20世纪中期后的装备技术通过国家化科学工程的拉动已经形成了体系支撑力量。

就中国的情况来看,自1955年起,国家明确提出了"向科学进军"的口号,从经济发展的角度来看,实现重大经济目标需要科学技术的进步,已经达成了共识。受国际政治环境的影响,能否在短时间内掌握与国防相关的尖端科技关乎新中国的命运,这对当时还比较薄弱的科技工作和科学共同体提出了很高的要求。"十二年科技规划"的制定使国家对科技发展的要求成为迫切议程,迅速填补中国国防建设迫切需要的科学和技术领域成为重要方针,其中,国家急需理工结合型人才来满足高技术产业和国防事业对原子能技术、航空航天技术、计算自动化技术等方面的需求。自1957年起,中国科学院与高等教育部合作,在清华大学创办了临时性的工程力学研究班。随后,大连工学院、交通大学、哈尔滨工业大学等工科院校,以及复旦大学、中山大学等综合性大学相继创办了力学系或力学专业。

在继承哥廷根应用力学学派思想的基础上,在美国知名机构从事科学研究后,钱学森对此有了深刻的认识。在他看来,20世纪科学发展的趋势引发了世界工程技术的革命性变化,尤其在第二次世界大战期间,导弹、高速飞机、雷达、核武器等重要武器装备的发明和应用,从根本上改变了人类生产和战争的面貌。这些重大发明与以往的发明创造有着显著的区别,它们不是仅依靠工程实践的积累和经验判断而设计出来的,而是需要数学、力学、物理学等理论科学作为设计依据,是科学家和工程师紧密合作的成果。在这个认识的基础上,钱学森在创办中国科学技术大学力学学科时,非常明确地提出以"技术科学"作为立足育人的方向与服务国家重大需求的宗旨。

在建立近代力学系的初期,由于中国科学院拥有"全院办校"的机制优势,力学所担负起对即将成立的近代力学系的设计任务,钱学森根据"技术科学"人才培养思想,制订了力学系的人才培养目标和计划。在当时条件下,钱学森提出了要实现与北京大学在"理"方面相当、与清华大学在"工"方面相当的高水平培养目标。为了达到这样的目标,在建系过程中涉及的问题,如专业设置、课程安排,甚至任课教师的选择,都以钱学森的意见和建议为主导。钱学森为初诞的近代力学系规划了4个专业,分别是高速空气动力学、高温固体力学、岩石力学以及化学流体力学,代表了当年国际力学学科发展的方向(佚名,1958b)。

专业课的学习时段,从三年级下学期开始成为重点(很长时间中国科学技术大学都是5年制)。全系学生必修的课程包括工程力学(包括材料力学)、理论力学和火箭技术概论,此外还有各专业的特殊专业课程(总计约800学时)。在当时,这些新专业的课程国内其他高校的工程和力学学科很少开设过,例如高速空气动力学等专业课程的设置是国内之前从未尝试过的实验性创新。

到高年级,专业教学体系由专业基础课、专业课和专题课3个层次以及毕业论文组成。专业课教学充分体现了"所系结合"(其本质是"科研与教学相结合")的优越性,体现了前沿、新兴、交叉的专业特色,"积极倡导要在加强基础科学教育的同时把同学们带到学科的前沿"。近代力学系当年的老师童秉纲清楚记得,在高速空气动力学专业,有关专业课程设置、教材编写、教员聘任,以及最后半年学生毕业论文的安排等,都是由力学所具有丰富的航空工业一线经验、曾在英美学习的流体力学专家林同骥研究员负责,并委托同样具有航空与航天一线经验、曾在美国一流机构学习并工作的卞荫贵研究员协助组织。林、卞二人都为此付出了大量心血,有的阶段,童秉纲几乎每周都要到力学所的11室去,与林、卞二人见面,商讨有关专业与课程问题,再回校组织实施。

在课程设置方面,钱学森强调了交叉学科的发展。为了确保课程的实施质量,钱学森亲自协调,邀请中国科学院相关研究所的一流研究员和该领域的代表性专家来授课。例如，郭永怀教授开设了黏性流体力学课程，林同骥教授开设了高超声速空气动力学课程，李敏华教授开设了塑性力学课程，胡海昌教授开设了杆与杆系、夹层板结构专题等课程。这些教授都是当时国内最知名的力学专家，他们承担着国家最前沿的科研项目，对学科的知识体系有着成熟的理解并进行了个人的总结，对待技术问题有着深刻的认识。他们每学期进行全程授课，使学生能够接触到该专业领域最前沿的研究成果、问题和解决方案，结合自身所学和专家的启发，学生能够以最快的速度进入前沿科学研究领域。专题课都是当年力学所在研的课题（如稀薄气体动力学、高温高焓设备及测量技术等），通常由青年骨干老师承担。

由于是完全新型的模式，课程开设时有相当一部分没有可用教材，在钱学森的推动下，近代力学系与力学所等协作，在极短的时间内编写出教材讲义 11 种。第一届学生进入三年级专业课程阶段，各种铅印的纸质教材已经分发给学生。通过两届学生的教学实践的经验积累，到 1965 年，中国科学院已经建立了国内第一个培养高速空气动力学人才的独特专业教学体系，并编写了一套独具特色的教材。这些教材代表了当时中国国内最新的研究成果，并在国际上具有先进的知识和解决方案案例体系。

钱学森非常重视学生做毕业论文，他把毕业论文看成从系统的课堂学习阶段到科研工作（包括工程性质的解决方案式科研）岗位之间的过渡，是在专家指导下进行科学研究和工程实践的"真刀真枪"的练兵。关于如何做科研和写论文，钱学森曾讲过一个他自己研究圆柱壳体轴向受压非线性失稳的故事。当时这个难题在国际力学界很受关注，但按照经典理论去计算得出的结果不准确，与实验数据相差很大，钱学森本人先后 600 多页草稿的演算都失败了，但这个过程正是一步一步接近真理的过程，最后发现，经典理论只适合小变形的线性理论，对于大变形要用非线性理论。找到了问题的本质，建立非线性失稳的模型，最后那部分草稿不过 60 多页，而正式发表的论文仅有 10 页而已。这个故事还没有完。他讲这个故事是在 1961 年，到 20 世纪 90 年代，钱学森 15000 多页手稿从美国运回中国后，人们发现在装有这 10 多页手稿的文件袋上写有"Final！"（最后修订稿）字样，后来又用笔划去了"Final!",写上"Nothing is final!"。钱学森认为从科研态度上说,追求真相、认识真相的过程应该是始终可持续的。

在1958级至1965级这8届1000名毕业生中,涌现出8位院士和9位将军,这种特殊的科教融合设计所取得的人才培养成果是非常突出和不寻常的,这一成绩与钱学森的教育思想和实践密切相关。

(2) 从"所系结合"到协同创新

中国科学技术大学最初建校时,提出的校训是"红专并进,理实交融"。"红"代表着秉持"科教报国"的初衷,要始终心怀国家使命,站稳立场;"专"指的是要有高超的业务水平,要有崇尚科学、追求卓越的创新动力与能力;"理实交融"则正好诠释了钱学森所主导的"技术科学"的内涵,即理论知识与解决实际问题的能力并重融通。如果说中国科学技术大学的底色是"红",那么"专"则是其特色。自1958年建校至2018年的60年间,中国科学技术大学凭借"全院办校、所系结合"的科教融合优势,尊重学生的天赋才能和个性化发展,在人才培养方面创立了一种具有创新意义的人才培养模式,被称为"两段式、三结合、长周期"模式,这在中国高等教育发展史上具有开创性的设计。"两段式"指的是学生在校内完成课程教学,在科研机构完成专业课程和部分研究生学位课程的学习;"三结合"则是指"所系结合"、科教结合、理实结合。通过整合本科生和研究生的教学资源、课程体系和培养方案,实践本硕博一体化的"长周期"人才培养方案,实现了全面的人才培养。这种独特的人才培养模式为学生提供了广泛的学习机会和实践经验,促使他们全面发展,也使得中国科学技术大学在培养具有深厚专业知识和综合素养的人才方面独具优势。

2014年7月7日,中国国家科技体制改革和创新体系建设领导小组通过了中国科学院《率先行动计划暨全面深化改革纲要》,提出了"四个率先"(率先实现科学技术跨越发展,率先建成国家创新人才高地,率先建成国家高水平科技智库,率先建设国际一流科研机构)的战略目标。为了积极融入中国科学院"率先行动"计划,由当年近代力学系发展起来的中国科学技术大学工程科学学院推进了与中国科学院研究所开展多种形式的新型"所系结合","走出去"与中国科学院核安全研究所和广州能源所进行"所系结合"交流,不断拓展双方合作的深度和广度,战略设计中关于"基地＋网络"的布局思想开始探索和落实,"所系结合"共建学院、科技英才班、联合实验室这些新的融合平台也开始出现。

一个成功的案例:工程科学学院内"科教融合"共建学院设立了中国科学院太阳能光热综合利用研究示范中心联合实验室。2009年7月27日,中国科学技术大学工程科学学院结合《中国科学院太阳能行动计划指南》中"中国科学院太阳能行动计划",与中国科学院合作,开展"科教融合"共建学院,成立了中国科学院太阳能光热综合利用研究示范中心。该中心以太阳能光热转化、(光、热、电)综合利用和规模化示范技术开发,综合集成科学院在热力学、热化学、传热传质学、材料学等领域的优势力量,解决太阳能转换中涉及的热力学、能量转换、储存、传递等过程中的关键科学问题,在实现国家能源科技的发展初衷时推进热光电相关的科技研发,形成具有鲜明特色的太阳能光热研究平台,引领国家太阳能光热综合利用基础研究和应用研究的发展,坚持"红专并进,理实交融"的精神。该中心重点开展太阳能光热、光电、建筑一体化,太阳能中低温集热技术及太阳能中低温热发电等关键技术和材料的研究与开发,建立综合检测与示范平台,培养太阳能相关领域的创新人才,表达了"技术科学"的精神内涵。

4. 理工融合培养:杰出科学家与国防人才群体的涌现

2018年11月13日,发表在《人民日报》上的《红专并进,科教报国》一文中,中国科学技术大学副校长、研究生院常务副院长杨金龙介绍:"'专'是中国科学技术大学的特色,代表崇尚科学、追求卓越的创新精神与能力。60年来,中国科学技术大学创造性地把理科与工科即前沿科学与高新技术相结合,高起点、宽口径培养新兴、边缘、交叉学科的尖端科技人才,培养了一大批在各领域独领风骚的杰出人才。"

从1958年建校到1965年,是中国科学技术大学建校第一次创业阶段,这是学校的一个黄金时期。短短7年左右的时间,近代力学系各个专业建立了一套全新、完整的专业教学体系,培养出的杰出人才之多令人刮目相看。

以现工程科学学院下属的近代力学系为例,截至 2024 年 4 月,该系拥有 62 名教职工,其中包括 43 名教授和 18 名副教授。教师队伍年轻且具备较强的竞争力,其中包括 3 位中国科学院院士、3 位中国工程院院士、9 位国家杰出青年科学基金获得者、10 位国家优秀青年基金获得者、5 位中组部国家创新人才计划项目入选者以及 10 位中国科学院人才计划入选者。力学学科是国家重点一级学科。该学科拥有一系列科研平台和团队,包括国家自然科学基金委员会资助的"具有旋涡和界面的复杂流动"创新研究群体、中国科学院材料力学行为和设计重点实验室,以及应用力学研究所等,这些平台和团队为学科的科研提供了坚实的支持。

在 1958 级至 1965 级这 8 届 1000 名毕业生中,涌现了 8 位院士(包括 1958 级的白以龙、徐建中、王自强,1959 级的吴有生、杜善义,1960 级的杨秀敏、范维澄、刘连元)。特别是在近代力学系的第一届和第二届(即 1958 级和 1959 级)约 500 名毕业生中,出现了 5 位院士,形成了"百人出一院士"的格局。同时,在这 8 届毕业生中还涌现了 9 位将军,其中包括 7 位少将和 2 位中将(晋升中将的是 1960 级的杨秀敏和 1961 级的焦安昌),他们大多从事国防科技工作。因此,这 8 届毕业生中共培养出了 9 位将军,共计 16 人(因为杨秀敏中将同时也是院士)。此外,据不完全统计,在这 1000 名毕业生中,后来晋升为教授、研究员与高级工程师的高端科技和教育人才有 375 人,加上院士和将军人数,总计为 391 人。也就是说,接近 40% 的毕业生获得正高级专业技术职称。

正是由于按照钱学森培养"技术科学"研究人才的理念办学,坚持"两个结合"(理工结合、教学和科研结合)、"三个一流"(一流的顶层设计、一流的师资队伍、一流的学生素质),才创造了近代力学系第一次创业期的辉煌。

5. 理论学科自始至终的实践情怀

（1）追求知识教育的过程呈现

① 新生参与科研，鼓励学生关注国家需求与体验解决方案

中国科学技术大学虽然是一个以理科见长的学校，但从创校之初就形成了鼓励与引导学生在入学后就参加科研活动的传统，希望学生学到的知识是活的知识，是"理实交融"的知识。以近代力学系为例，1958级学生成立了人工降雨小火箭研制小组和脉冲喷气发动机（puls ejet engine）研制小组，1959级学生又成立了风力发电研制小组，钱学森本人在繁忙中仍亲自为小火箭研制小组答疑（如固体火箭发动机燃烧不稳定问题）和出谋划策（如小火箭要为农业和气象服务，人工降雨和消雹）。

钱学森在力学所的同事，也是近代力学系早期的老师郑哲敏介绍：在科研与教学之外，钱学森还有着特别丰富的校外实践经历。早在1937年，钱学森在美国加州理工学院航空工程系学习期间，与几位同学组建了一个火箭实验研究小组，小组一共5人，致力于固体火箭的研究。人工降雨小火箭研制小组的首个成果是开发了一种小型火箭，用于协助飞机在短跑道上起飞，随后，该小组还专门成立了一家公司，而钱学森则担任该公司的顾问。

工程热物理专业1958级学生经过几次讨论后，决定向国庆10周年献礼的项目是脉冲发动机。1959年秋季开学时，脉冲发动机的研制工作有了很大的进展。9月初，装配完工后，做台架点火试验，一次点火不成，二次点火不成，三次点火只响了几下又不工作了，正当大家没有主意时，钱学森来到了研制小组，讲解了脉冲发动机的热力过程。1960年2月28日，学校召开第一次科学研究工作报告会，会上，朱小光代表力学和工程热物理专业作了人工降雨火箭试制工作的报告，黄开禧作了脉冲发动机试制工作的报告，钱学森系主任作了人工降雨火箭及脉冲发动机试制工作的总结报告。钱学森在报告中对低年级同学做科研给予了高度评价，他认为，大学二年级的学生能做出这样的成果十分可喜，虽然这些并不是什么了不起的科研成就，但学生在学习阶段就接触并探究尖端科学技术，能够为将来的科学研究打下

坚实的基础。

学生参加科研活动的优良传统在中国科学技术大学一直保持到现在。学校规定一年级新生必须进实验室,必须选择研究生导师,跟随导师与博士生们一起开展科研,从某种程度上,中国科学技术大学的本科生在毕业时的科研能力已经达到了其他学校研究生的水平。现在学生中有各种兴趣小组,可以自由参加各实验室的学术活动。

② 面向新科学探索人才培养的实践创新理念

1959年5月26日,钱学森在《人民日报》发表文章,他认为,中国科学技术大学基础课除了公共基础课之外,还可以分为理论基础课和技术基础课两个方面,这样的安排是基于中国科学技术大学近代力学系的"技术科学"人才培养目标,这是当时中国高校人才培养中独树一帜的建构设计。钱学森表示:"科技大学(中国科学技术大学)的学生将来要从事新科学、新技术的研究;既然是新科学、新技术,要研究它就是要在尚未完全开辟的领域里去走前人还没有走过的道路,也就是去摸索,摸索当然不能是盲目的,必须充分利用前人的工作经验。"前人的工作经验即成熟的基础学科体系。"中国科学技术大学是为我国培养尖端科学研究技术干部的,因此学生必须在学校里打下将来做研究工作的基础",新科学、新技术的研究要求"理工结合"的人才,理论和技术并重是力学系课程的一大特点(钱学森,1959)。以高速空气动力学和高温固体力学两个专业为例,这两个专业的基础课程内容和学时相同,主要分为基础理论和基础技术两个方面。基础理论包括高等数学、普通物理和普通化学等科目。

强调基础学科的重要性是因为力学作为技术科学的典型学科,建立在基础学科的基础之上。力学主要以物理学的基本理论为指导,并以数学作为研究工具,物理学为力学提供了最基础、最根本的原理,而数学则是力学研究中不可或缺的工具和手段。而技术科学则是工程技术的理论基础。在中国科学技术大学建校的第三次系主任会议上,特别关注了基础课学时的分配问题,高等数学被分为两种类型:第一种类型学习时间为两年半,共有430学时;第二种类型学习时间为一年半,共有260学时,这样的安排旨在确保学生能够充分地学习和掌握基础数学领域的知识。力学系与应用数学和计算技术系等系一起被归为第一种类型(钱学森,1959)。

就高速空气动力学和高温固体力学这两门学科而言,复杂的化学变化也是需要充分考虑的。特别是在尖端工程技术的发展过程中,力学研究人员需要利用现有的物理和化学成果来解决生产中出现的问题,掌握这些新的力学分支与扎实的数学、物理和化学知识基础密不可分。考虑到实际工程问题的复杂性,往往涉及多个学科领域,因此,为了从中提取和研究工程科学问题,研究人员必须具备广博而扎实的基础科学知识。

基础课程的另一个方面是基础技术课,包括工程设计技术(如机械制图和机械设计)、实验技术(如电工电子学和非电量电测)以及计算技术(如计算方法和电子计算机)。这些课程是工科学生最基本的培训内容,也是工程实施的重要工具,类似于物理和数学对于理科研究的重要性。只有掌握了工程技术的基本工具,才能在应用基础科学知识解决工程科学问题时考虑到实际工程的要求,这样才能使实验数据不仅仅停留在实验室中,而是在实际工程中发挥作用。这两种类型的课程都包含在中国科学技术大学的甲型公共基础课程中,在前3年的学习中,以基础课程为主要内容,就学时分配而言,公共基础课程学时占总学时的一半,而基础理论和基础技术两类课程都占据了相当大的比重。与诸如北京大学这样的综合性大学以及清华大学这样的多科性工科学校相比,中国科学技术大学的力学系在基础理论课程上的学时要比以工程设计为主的清华大学相关学科学时更多,而基础技术课程的学时又远远超过以数理计算为重点的北京大学数学力学系。这种学时的分配,体现了"技术科学"教育思想中与基础学科和工程学科人才培养有所不同的"理工结合"的课程安排特色。

钱学森指出,尽管毫无疑问自然科学是工程技术的基础,但它并不能涵盖工程技术中的规律。从技术科学的研究方法来看,技术科学是自然科学和工程技术研究方法的综合体。然而,将自然科学的理论应用于工程技术并不是简单的推演过程,而应该是科学理论和工程技术的综合工作。因此,具有科学基础的工程理论既不属于纯粹的自然科学,也不属于纯粹的工程技术,而是两者有机结合的综合体。新科学、新技术的研究要求"理工结合"的人才,在新空间探索过程中,不仅坚持理论和技术并重,还应当从文化的视角透视科学而得出的科学形象、精神、理想和价值观。

(2) 第三次创业初期的技术科学实践——机器人大赛实现的本科生前沿教育

在中国科学技术大学,机器人不仅是前沿科学研究的一项重要领域,也被视为人才培养的重要手段。工程科学学院的智能机械与机器人实验室自20世纪90年代末开始选拔和培养机器人领域的人才。2000年,中国科学技术大学机器人足球蓝鹰队在澳大利亚举办的第四届机器人足球世界杯上取得历史性突破,成为我国第一支成功打入机器人足球世界杯比赛的队伍。中国科学技术大学采取了一系列具体措施来培养机器人人才,他们针对本科生开设了"机器人研讨班"课程,以研讨和实践为主要教学方法,培养学生的动手能力和创新精神。课程结束后,有兴趣的学生可以申请进入实验室进一步学习,一段时间后,从中挑选出能够承担比赛任务的学生,分配具体课题,并展开研究工作。除了参与机器人世界杯这样的顶级竞赛,中国科学技术大学还每年举办一次机器人活动周,作为大规模普及性的大学生课外科技活动,这个活动每年都吸引数百名本科生的参与。学生们利用课余时间,亲自设计程序、加工制造和组装硬件,制作体现多学科交叉的机器人。这种活动为机器人研究创造了浓厚的氛围。

自2001年起,中国科学技术大学开始举办RoboGame机器人大赛,参赛队伍需要在5个月的时间内,按照特定的比赛主题和规则,自行设计和制作机器人,并在一定的经费限制下进行比赛。参赛队员必须是大学三年级以下的学生,每队成员不超过5人,鼓励跨院系组队合作。该比赛分为剧场表演赛和竞技对抗赛两种形式,每年都会广泛征集和投票确定不同的比赛主题。经过多年的实践和探索,RoboGame机器人大赛与机器人创新设计课程以及现代舞台展示形式相结合,已经成为中国科学技术大学具有独特性和广泛影响力的实践教学活动、学生创新活动和科普活动。学生们在参与比赛的同时,有机会选择相关课程来弥补他们知识和技能上的不足,并根据课堂表现、方案计划书和制作过程的评审成绩获得相应的课程学分。最终，根据比赛成绩，他们还可以获得创新实践学分。RoboGame 机器人大赛将教育与比赛相结合，技术创新与舞台展示相结合，有效激发了大学生的学习、探索和创新热情，培养了他们的综合创新实践能力、团队合作能力和组织领导能力等。例如，在第 18 届 RoboCup 机器人世界杯比赛中，中国科学技术大学研发的智能服务机器人"可佳"荣获冠军。这是我国的服务机器人首次在国际服务机器人标准测试中排名第一，代表着我国在服务机器人研发方面取得了历史性突破。此外，还多次获得机器人 2D 仿真比赛的冠军和亚军，共计 5 次冠军和 5 次亚军。

技术科学精神不仅在机器人大赛中展现为对前沿知识的实时学习和创新能力的充分发挥，也体现在一些广为人知的品牌。中国科学技术大学的智能机器人研究始于 1998 年，在 2008 年佳佳机器人问世之前，中国科学技术大学启动了名为"可佳工程"的自主研发项目，包括软硬件在内的整机服务机器人。"可佳工程"成为中国科学技术大学一个跨学科的机器人科研平台，自 2012 年起，可佳机器人连续获奖，其中包括 2013—2015 年连续 3 年在国家服务机器人标准测试中保持测试总分第一的成绩。中国科学技术大学机器人团队面临一个问题：尽管可佳机器人成为国际上获奖最多的智能服务机器人之一，但它没有独特的形象，而国外的机器人通常都有精心设计的形象，因此，研发团队开始讨论可佳机器人的形象设计。最终，他们决定将可佳机器人打造成一个肤色白皙、相貌美丽的女性形象，这就是后来大家所熟知的"佳佳"交互机器人（图 4.4）。2012 年 7 月，机器人团队在中国科学技术大学的女生中征集"佳佳"交互机器人的形象模特，经过一系列挑选，最后选中了 5 位女生，她们就成了"佳佳"交互机器人仿人形象的最初原型。经过探讨，初步确定了 3 个要求：善良、勤恳和智慧，并把这 3 个要求应用到"可佳"的形象设计上。在研发团队看来，现在"佳佳"交互机器人的形象能够充分体现善良、勤恳和智慧的内涵。2015 年，制作团队经过多方面调研，在中国科学技术大学女生形象模特面容的基础上，对"佳佳"交互机器人再次进行改进，并赋予"佳佳"交互机器人气质和品格，确定了"佳佳"交互机器人的整体形象。随后与西安一家仿真人雕像公司合作,最终有了"佳佳"交互机器人的貌美肤白、温婉机智的样子。2016年4月,中国科学技术大学研发的第三代特有体验交互机器人——"佳佳"诞生,"佳佳"交互机器人初步具备了人机对话理解、面部微表情、口型及躯体动作匹配、大范围动态环境自主定位导航等功能。"佳佳"交互机器人的诞生不仅仅是品牌的推广和宣传,更是技术科学精神校园化的体现。

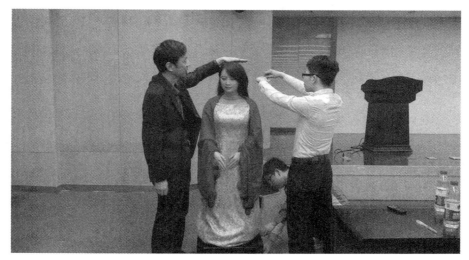

图4.4 "佳佳"交互机器人

6. 发展状态

科学文化是经济社会系统中的重要组成部分,其特征会随着经济社会发展水平的变化而呈现不同的面貌,因此,在不同的经济社会发展阶段,倡导科学文化的价值和实践重点也会有所不同。科学文化不仅从文化的视角大大拓展了对科学的理解,而且还以批判或反思的方式揭示了科学的社会文化效应,进而为建构、丰富乃至革新人类的文化提出了相应的构想,即致力于构建一种立足科学共同体规范运行的文化原型、文化理想蓝图和文化价值目标,为社会进步提供精神动力与观念支撑。而中国科学技术大学在钱学森等文化设计引领者的科学家群体的主持下,在独具匠心构建的科学共同体文化孕育中发育出了自己的文化氛围和导向。

(1) 理工结合,培养能够走在前沿的"技术科学"英才

从21世纪初开始,随着互联网技术和新技术(人工智能、物联网)的兴起,在科学技术研究上和大学人才培养模式上出现两股潮流:一是基础科学和工程技术从分离到结合,形成应用科学,例如应用力学。以克莱茵(Klein)和普朗特(Prandtl)为代表的哥廷根(Goettingen)应用力学学派和以冯·卡门(von Kármán)为代表的加利福尼亚州理工学院古根海姆航空实验室(GALCIT)应用力学学派在这个结合过程中起了重要的推动作用。以空气动力学和航空技术的发展为例,由于边界层理论和机翼理论的发展,导致了双翼机向单翼机的发展;由于可压缩流动理论的发展,推动了飞机突破"声障",实现超声速飞行。所以冯·卡门在纪念航空50周年时撰写的《空气动力学的发展》(1954年)中指出:空气动力学"这门科学的发展是数学人和有创造力的工程师通力合作的一个稀有例子。从纯数学家的园地中出来的数学理论居然被发现适宜于用来描写飞行器绕流,而且异常精确,可直接应用于飞机设计"。另一种趋势是在大学人才培养模式的基础上提倡以学术研究为核心,建设现代研究型大学,将科研与教学相结合,以培养创新人才为目标。

钱学森既是冯·卡门的嫡传弟子,也是GALCIT应用力学学派的杰出代表,他有力地推动了高速空气动力学和喷气推进技术的发展,继承和发展了哥廷根和GALCIT应用力学学派的优秀思想,形成了他的"技术科学"思想及其相关的办学理念。早在20世纪40—50年代,钱学森就敏锐地预见到许多领域的高新技术正在兴起,认为应该大力发展一批应用科学来作支撑,他把这类新兴学科统称为技术科学(engineering science)。钱学森(1957)指出,"自然科学技术部门最高的层次是基础科学(如物理、化学等),实际应用的是工程技术;在基础科学与工程技术之间的,是技术科学"。这样在人们原来划分的自然科学(指基础科学)和工程技术两个层次之间增加了一个技术科学层次,它"是从自然科学和工程技术的相互结合所产生出来

的,是为工程技术服务的一门学问"。他主张,"我们需要自然科学、技术科学和工程技术3个部门同时并进"。钱学森认为培养"技术科学"人才靠常规工程教育方法是不行的,需要另一种专业的人。因为"技术科学"的任务"要产生出有科学根据的工程理论","是一个非常困难,要有高度创造性的工作"。

中国科学技术大学近代力学系的成立,为钱学森培养"技术科学"人才的办学理念提供了实践平台,这是钱学森回国后,历时最长、倾注精力最多、最为系统完整的一次办学活动,是"技术科学"研究人才培养新教学模式的成功范例。钱学森与其他老一辈科学家在中国科学技术大学成立之初,就提出"全院办校,所系结合"的办学方针,确定以尖端科学技术人才为培养目标,在专业设置和课程体系等顶层框架设计时,充分体现了两个结合:"理工结合"和"教学与科研相结合",形成具有鲜明中国科学技术大学特色的新教学模式。

重视基础课教学是中国科学技术大学的最大特色之一,是建校60余年来坚持的传统。钱学森(1959)为此曾专门撰写《中国科学技术大学的基础课》一文在《人民日报》上发表,详细阐述了学习基础课的意义、内容和学习的方法论。他写道:"我们重视基础理论的缘故,是因为科技大学的学生将来要从事新科学、新技术的研究","要在尚未完全开辟的领域里去走前人还没有走过的道路","因此我们只有更多地依靠一般的知识……自然界一般规律","其中尤其重要的是关于物质结构、性质和运动的规律,这就是物理、化学。它们也就是我们在探索过程中的指南针"。另一方面,"新的力学分支的发展成长和实验技术的进步也是分不开的,而这些实验技术也都是利用了现代物理、化学上的许多成就建立起来的"。

中国科学技术大学将基础课程分为两大类:基础理论和基础技术,其课程体系框架如图4.5所示。基础理论包括数学、物理和化学,而基础技术则涵盖了工程设计技术(如机械制图和机械设计)、实验技术(如电工电子学和非电量电测)以及计算技术(如计算方法和电子计算机)。在中国科学技术大学,整个基础理论课约占总学时的1/3,技术基础课也占到总学时的百分之十几。这样,基础理论课比一般工科院校明显要多,基础技术课又明显多于一般理科专业,体现了鲜明的"理工结合"的课程设计特色。

1958年,中国刚刚研制出第一台电子计算机时,钱学森就在近代力学系的教学计划中安排学生学习"电子计算机原理"课程。当年还没有算法语言,学生们必须用二进制码编写程序,而现在任何的大型力学问题的计算都离不开电子计算机,运用电子计算机已经成为必备的能力。通过严格的基础训练以后,学生能掌握以下3个方面的基本知识和能力:一是深厚的数学基础及运算、分析能力;二是扎实的物理和化学基础知识;三是工程设计的原理和相应实践。

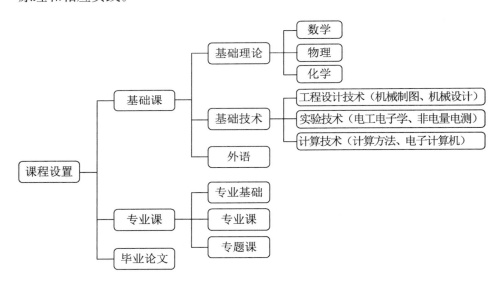

图 4.5　中国科学技术大学课程体系框架

钱学森从加快我国航天事业后备领军与精英人才培养的战略高度出发,设计规划了中国科学技术大学的力学学科与工程学科,中国科学技术大学秉持着"技术科学"人才的教育理念,将科学与工程相结合,培养具备优秀自然科学基础和领导能力,能够适应不断变化的工程技术前沿的研究型工程师。在钱学森提出的"技术科学"人才培养思想的引领下,中国科学技术大学力学系成为"理工结合"人才培养教育理念的先行者,其他系科也受其影响,坚持"基础宽厚实,专业精新活"的特色。为此,学校推行了大类教育和专业培养相结合的"2+X"培养模式,形成了具有中国科学技术大学特色的精英科技创新人才培养体系,并在培养复合型科技英才方面取得了显著成果。

(2) 科学、技术与艺术(设计+审美)结合的殷切期望

很多年过去,已经进入暮年的钱学森一直关注着中国科学技术大学的发展。在 2008 年建校 50 周年校庆期间,通过前去看望他的时任国务院总理温家宝和陪同的时任中国科学院院长路甬祥,钱学森最后一次寄语学校:"过去科大(中国科学技术大学)所走的'理工结合'的道路是正确的。今后还要进一步发展,走理工文相结合的道路,在理工科大学做到科学与艺术的结合。我相信在未来,科技大学(中国科学技术大学)一定能为我国培养出'世界一流科学家和科技领军人才'。"①

随着 21 世纪科技的快速发展和跨界融合,人工智能、清洁能源、无人控制技术、量子信息技术、虚拟现实以及生物信息技术、遗传工程与基因组等新兴技术逐渐成为科技发展的主流。现代科学技术的跨界需求和研究领域的交叉进一步推动了科学和技术的深度融合,"技术科学"思想作为 20 世纪早期发展起来的理念,在科技发展的各个方面都得到了验证。从人才需求的角度来看,培养理工结合、具备宽口径和交叉学科背景的人才变得越来越重要。这不仅适用于尖端技术领域的前沿学科,也对工科学校的教育变革产生了显著影响。近年来提出的"卓越工程师"培养计划以及"新工科"的初步构建,都是为了应对时代变革而对传统理科和工科教育进行调整的反应。在产业界越来越重视用户需求和用户体验的当下,科技与艺术的结合又成为一种新的思想与探索。例如从工业设计走向信息与网络设计(界面设计、交互设计等)和信息美学、人工智能体设计,以及基因编辑涉及的生命美学新界域等,都对技术科学与理工结合提出了新的开放构建诉求。钱学森再

---

① 钱学森 2008 年 1 月 28 日致白春礼的信。

一次敏锐地抓住了前沿的关键跃动点,并在生命终点即将到来之前将这一理念传送回曾经参与主持办学 20 年的学校。

(3) 从近代力学系到工程科学学院的教育理念与精神价值

科学文化以文化的角度展示了科学的形象。科学文化揭示的科学实践不仅包括技术、实证、数学和逻辑等实际层面,还包括科学的精神、理念、理想和价值观等超越实际的层面。中国科学技术大学在一定意义上是借鉴加利福尼亚州理工学院模式设计创办的"理工结合"的新型大学,作为中国科学技术大学科学文化精神的重要表征——"理工结合"的工程学科的科学精神和观念引领至关重要。

按照高速空气动力学专业第一届(1958 级)学生童秉纲院士总结,中国科学技术大学近代力学系——工程科学学院科学精神主要体现在 4 个方面:一是拼搏精神。"当年的课程是非常重的,压得我们几乎喘不过气来,平时晚上 11 点以前宿舍基本上是无人的,星期日基本上是不休息的,都在教室里自习。最忙碌的时候教室内彻夜通明,'开夜车'的还未走光,'开早车'的已经'登堂入室'。这就形成了'重、紧、深'的特色。"二是创新精神。中国科学技术大学以培养尖端科学技术精英人才为目标,校歌的歌词中就写着要攀登"科学的高峰。科学的高峰在不断创造,高峰要高到无穷"。通过"所系结合",我们可以学到最前沿科学知识,了解最新的科学成果。三是严谨的科学精神。钱学森经常教导我们科研工作者一定要有"三严"(严肃、严密、严格)作风。四是民主精神。中国科学技术大学在老一辈科学家学术民主精神的熏陶下,历来学术环境比较宽松,学术空气比较浓厚。又由于建校历史短,第一批教师多任职于中国科学院研究所,落地扎根的教师队伍非常年轻,青年教师早早担起教学科研工作的重担,很快脱颖而出,显得机会很多,空间很大,自由选择度高。

一个组织文化的导向、形成和发展从来都是呈现出丰富多彩的路径选择。中国科学技术大学工程学科文化基因输入、融合设计、培养模式选择、实践情怀及孕育发展平台状态离不开一代人的设计水平及无数人的实践操作,让中国科学技术大学文化不断拓展"红专并进,理实交融"的内涵,形成

"理工结合"的工程学科的科学精神和文化导向。

(4) 中国科学技术大学世界一流大学建设中科学文化生态的跃迁

为增强中国大学的国际影响力,我国自 2017 年推出了"世界一流大学和一流学科建设"的正式计划(以下简称"双一流"计划)。根据汤森路透所研发的学术评价工具——基本科学指标(essential science indicators,简称 ESI)可知,从 2012 年 7 月至 2018 年 9 月,清华大学、北京大学和中国科学技术大学在物理学领域的论文被引数量分别为 161578 次、153573 次和 150857 次,远高于国内其他高校,在国际上也处于较靠前的位次。中国在物理学研究的某一些领域的研究实现了从追随到赶超的目标,究其快速形成突出优势的原因,量子信息学科等新兴物理研究领域的崛起应该是重要的加分项,而量子信息学科在中国无疑是以中国科学技术大学最具代表性,其中量子通信部分的全链条发展在国际上已经具有了"中国科学技术大学模式"的口碑。

中国科学技术大学在量子物理领域的一个重要起点是量子光学。1981 年,在中国科学技术大学物理系任教的郭光灿前往加拿大多伦多大学物理系做访问学者时,曾发出感叹说:"到了国外我才发现,量子光学的基本理论框架人家都做得很成熟了。国内无人关注的量子光学已经与国际前沿有了近 20 年的差距。"从郭光灿院士当年的感叹到 2018 年,仅仅过去 37 年,中国科学技术大学在量子通信整体学—研—产—用链上的优势已经具备了令国际前沿的同行震惊的地位,同时为国际高水平同行所认同。以潘建伟院士团队获奖情况为例,潘建伟先后获得量子通信领域的诸多代表性奖项——菲涅尔奖、国际量子通信奖、国际激光科学和量子光学兰姆奖;而潘建伟团队的陈宇翱和陆朝阳分别也在 2013 年和 2017 年获得了菲涅尔奖,其中陈宇翱获奖时年仅 32 岁。下面从中国科学技术大学一直秉持的科学文化的价值判断和机制设计角度出发,探究量子信息科学(尤其是量子通信领域和部分量子计算领域)在中国科学技术大学快速发展并蔚然成林的关键。

4.4.2.2 文化基因的激荡与发育路径的选择

文化是文明发展与制度创新的根基,而科学文化是"人类文化的一种形态和重要构成要素",它展现了从文化构建的视角透视科学领域而得出的科学认知形象。通常所说的科学文化,是指在科学研究与传播活动中由科学共同体创造、继承并被社会公众认可与努力遵守的价值理念、行为方式和制度体系(王明 等,2017)。

科学文化所揭示的科学实践,不仅涵盖按照学科刻画的科研层面,而且包括了科学精神、价值观、伦理判断、路径选择等形而上的层面(林慧 等,2019;刘永谋,陈翔宇,2018)。

中国科学技术大学是中国科学院所属的一所以前沿科学和高新技术为主,兼有医学、特色管理和人文学科的理工科大学。中国科学技术大学于1958年9月在北京创建,1970年初迁至安徽合肥。中国科学院实施"全院办校,所系结合"的办学方针,中国科学技术大学坚持"红专并进,理实交融"的校训,建校以来紧紧围绕国家急需的新兴科技领域设置系科专业,践行将前沿科学与前沿技术相结合的能力培养模式。注重基础课教学,倡导新生进入国家急需的前沿研究实践,高起点、宽口径培养新兴、边缘、交叉学科的尖端科技人才是中国科学技术大学选择并坚持不渝的价值理念,在中国高等教育中开辟出了一条独具文化坚守特色的"精品办学、英才教育"的内涵发展之路,形成了一种具有中国科学技术大学特色的科学文化(江鉴,2015)。

4.4.2.3 "我们是有立场和态度的":取与舍的故事

1. "认命"与坚守:精品办学,谢绝扩招

20世纪90年代,在中国教育部主导的大学扩招与并校热潮中,中国高校绝大多数都选择了"扩招",这种超常规的发展模式,导致生师比攀高、教学师资与实验资源短缺的趋势迅速出现。教师的学科性短缺问题也因扩招

而越发严重,其中矛盾最为突出的是覆盖全体学生的基础课和公共课,其次是专业实验实训课,于是超大课堂、紧缩型实验开始经常化。诸多学校为开出足够数量的课程,刚入职的教师来不及经过较为系统的上岗培训和专业进修就走上讲台,授课质量自然不容乐观。

在这种形势下,中国科学技术大学依然不为所动,坚守"为国家培养尖端的高科技人才"的定位,在全国重点高校中坚持本科生招生规模不扩大。近20年来,中国科学技术大学每年的本科招生仅为约1860人。让每一名学生都拥有充裕的优质教育资源,才能保证人才质量的高品质。20年过去了,我们看到的结果可以用以下的数据来表达:从武书连历年发布的中国大学毕业生质量排行榜和教师平均学术水平排行榜数据可知,2016年和2017年中国科学技术大学毕业生与教师质量两项均排在中国大陆高校第一位;2018年的本科生就业质量,中国科学技术大学排在全国第三位,得分仅比第一名清华大学低0.0093分。2018年,汤森路透发布了全球顶尖的100位材料科学家榜单,入选的华人科学家中,中国大陆高校本科培养的人才共10位,7位本科毕业于中国科学技术大学,排名分别为1,2,4,5,6,20,43。

大约在2008年,时任中国科学技术大学校长朱清时曾这样阐述反对高校扩招的理由:"希望沿着我们50年来学校的定位和总的方针去做。可以预期,中国科学技术大学在以后很长时间内,仍然是中国高校中的'精品'。中国科学技术大学不是喜马拉雅山,喜马拉雅山在高原,所有的点都很高,中国科学技术大学是安徽的黄山,就是不要求每个点都很高,但是每个山峰都非常出色,是本领域之最。"朱清时的意思是,不同的高校有各自的理念与模式选择,有不太一样的情怀与期望,不需要看到别人成功就想效仿,取舍永远都是发展战略和走出自己之路的基石。

中国科学技术大学该舍即舍的"精品大学"模式也收到了另几组标志性数据的回报。2014年以来,共获各类国家科技奖励10多项,其中独立/牵头完成国家自然科学一等奖2项,二等奖5项,一等奖项数位列中国高校第一;量子通信、高温超导和纳米材料成果入选"十二五"重大科技成果和标志性进展(TOP20);量子调控成果入选"十二五"基础前沿领域重大科技成果

(共 3 项)。建校以来,中国科学技术大学毕业生中入选中国科学院院士、中国工程院院士和其他国际著名学术机构院士的分别有 48 人、21 人和 28 人,依然走在国内高校的最前列。从 2017 年 12 月 28 日教育部学位与研究生教育发展中心公布的第四次学科评估结果来看,中国科学技术大学参评学科为 28 个,获得 A+的学科为 7 个,作为一个相对而言学科体量小的学校位列全国第五位。

2. 舍弃与培育:集聚资源,探索科学无人区

中国科学技术大学创建了许多全新的学科,这些学科从零开始建立,成为原始创新的前沿领域,其中包括火灾科学、量子科学等学科。这些学科在刚起步时,少有人能够理解,但中国科学技术大学总是鼓励探索"科学无人区",包容"异想天开"的原创原生性的科研。量子学科在中国科学技术大学从微弱火种被选中为"精品"并发育成"高峰",这是在"舍"与"弃"的同时做到了敏锐智慧的"取"与破除规则束缚聚集最大资源量的"育"。这种独特而坚定的取舍观及其价值观成就了郭光灿、潘建伟、杜江峰、陆朝阳、陈宇翱等一批杰出的量子科学家。

在 1978 年改革开放特别是全国科学大会带来"科学的春天"而形成科学热后,物理系的郭光灿院士(当年只是讲师)研发了氮分子气体激光器这种具有重要的产业价值的仪器,但之后的挫折让他意识到国家科技投入的资金短缺带来实验研究走向产业的困境,于是从实验研究转向了不被国内学者看好的"冷门学科"量子光学,这成为他学术生涯的一个重要转折点。

当初,这个领域在国内学者中并不受到广泛关注,他们认为用经典理论解决光学问题已经足够,对量子光学的理论内容和前景不抱乐观态度。然而,郭光灿坚持追求自己的兴趣和热爱,决心走上量子光学的创新道路,于是,于 1981 年前往多伦多大学深造量子光学。归国后,郭光灿全身心地投入到量子光学学科的建设中。1984 年,在学校的支持下,郭光灿主持了全国首个量子光学学术会议,会议地点设在欧阳修笔下的琅琊山。难得的是,

这个由郭光灿发起的量子光学会议至今仍在持续举办，至2018年已经坚持了34年。基于这个学术活动的坚守，中国的量子光学研究团队逐渐壮大起来，学科也得到了快速发展。此外，郭光灿还在国内首次开设了量子光学课程，并于1991年出版了教材，这本国内量子光学的经典教材被誉为该学科的"启蒙教科书"，为该学科的发展奠定了基础。

在创新与跨界创新创造成为科技与产业发展主流的背景下，科技人才在世界范围内的争夺，以及争夺引起的流动是广泛存在且不可避免的。中国这样的新兴科技国家也在人才争夺的不少方面渐渐有了叫板科技领先国家的实力和机遇。量子科学研究集多学科前沿原理于一体，要想取得突破，必须拥有不同学科背景的人才。以潘建伟团队为例，该团队的核心成员大多30岁左右，包括中组部国家创新人才计划项目入选者1名，中组部国家创新人才计划青年项目、中国科学院人才计划项目入选者及国家杰出青年科学基金获得者11名。随着量子信息被预计成为最前沿的科研领域，潘建伟自奥地利回国后，积极制定人才战略，有针对性地选拔学生出国留学，并将他们派往国际一流的量子信息研究团队接受训练，以便回国后组建一支具有鲜明特色和互补优势的年轻研究队伍。这些年轻人在海外学到了扎实的专业技能，近年来纷纷回国，并在团队中独当一面，使团队的实力达到前所未有的强大水平。以陆朝阳为例，本科毕业后，他被保送进入微尺度物质科学国家实验室，师从潘建伟从事光量子信息方面的研究工作。在潘建伟的鼓励与帮助之下，他于2008年获得全额奖学金进入剑桥大学卡文迪许实验室转向固态量子光学的研究，并用了不到3年的时间在剑桥大学完成了博士论文答辩，同时，还入选了竞争异常激烈的剑桥大学丘吉尔学院的青年研究员（入选比例不到1%）。类似这样优秀的人才还有很多，如陈宇翱、陈腾云、包小辉、赵博、印娟，等等。

正是由于个人的坚守和学校对学者选择的包容，才高效地实现了"冷门"的学科初有成效，并最终在本土建设出高产的科研前沿阵地。

3. 坚持以人才培养为核心，不断创新人才培养模式

（1）发自内心地包容年轻人兴趣，始终如一地释放原创动力

中国科学技术大学在教育思想上与中国古代的儒家先贤孔子的思想有些不谋而合，在小规模精品办学的设计方案中践行因材施教、以人为本的思想，表现为保护学生兴趣，尊重学生个性、特长和潜能，实施"精品"培养的方案（丁兆君，2018）。从 2002 年开始在全校普及以学生兴趣为导向、自主选择专业，支持学生按照兴趣选择专业，而且有两次全校性自由转系的安排，并特别规定转出院系不得设置障碍，这在中国高校属于开先河的举措。从 2012 年开始，学校设立了学生学业指导中心，对申请转专业未被接收的学生进行个性化培养方案指导，期望目标是能促进与满足学生 100% 自主选择专业的需求。由表 4.3 可知，2016 级本科生虽然对计算机与信息、管理科学等应用型学科的喜爱度较高，但作为最基础学科的物理学院、数学科学学院的转入净增比排名第四与第五，本科生仍然对物理与数学具有很强的兴趣。2016 年，在获得学校最高奖"郭沫若奖学金"的 33 名毕业生中，有 5 名为转院（系）的学生，不仅表明转院（系）并不影响奖学金等荣誉的获得，而且充分证明了自主选择专业对于激发学生的学习兴趣和提升学习质量起到了很好的促进作用。

表 4.3　中国科学技术大学 2016 级本科生全校性专业选择结果（单位：人）

学　院	原人数	转入	转出	净增	现人数	比例（%）
计算机科学与技术学院	104	54	4	50	154	148.08
信息科学技术学院	264	119	20	99	363	137.50
管理学院	78	28	12	16	94	120.51
数学科学学院	126	19	3	16	142	112.70
物理学院	277	56	30	26	303	109.39
少年班学院	340	0	0	0	340	100.00
化学与材料科学学院	172	7	28	−21	151	87.79

续表

学　　院	原人数	转入	转出	净增	现人数	比例(%)
生命科学学院	92	5	29	−24	68	73.91
地球与空间科学学院	106	8	47	−39	67	63.21
核科学技术学院	65	2	26	−24	41	63.08
工程科学学院	225	7	106	−99	126	56.00
总计	1849	305	305	0	1849	100.00

中国科学技术大学以培养科技领域的拔尖人才为己任,在为学生打下坚实的数理基础的同时,更加注重对学生创新实践能力的培养,实验实践教学也是学校教学改革的重点内容。为了培养本科生的科研能力,中国科学技术大学开展了大量的针对本科生的研究与创新计划,通过研究与创新计划锻炼学生的科研实践能力,培养创新意识和团队精神,取得了良好的效果。根据表4.4可知,2017年,中国科学技术大学共设置大学生研究与创新计划885项,覆盖面已经非常广泛,其中在中国科学院相关院所等校外科研单位进行的大学生研究与创新计划86项,校内院系进行的大学生研究与创新计划347项。

表4.4　2017年中国科学技术大学大学生研究与创新计划执行情况(单位:人)

学　　院	校外大研	校内大研	机器人竞赛	创新创业计划	合计
少年班学院	15	57	10	31	113
数学科学学院	6	25	0	13	44
物理学院	20	71	13	40	144
化学与材料科学学院	6	38	0	31	75
工程科学学院	0	12	46	25	83
信息科学技术学院	5	58	49	70	182
地球和空间科学学院	16	23	0	29	68
生命科学学院	1	21	0	20	42

续表

学　　院	校外大研	校内大研	机器人竞赛	创新创业计划	合计
计算机科学与技术学院	0	6	7	28	41
管理学院	9	18	0	4	31
核科学技术学院	8	15	0	33	56
人文与社会科学学院	0	3	0	3	6
总　　计	86	347	125	327	885

（2）倡导传承有学统，包容"和而不同"的思想

中国科学技术大学一直秉承尊师重道的传统，少有论资排辈和学术门户之见的弊端。自学校建校初期起，前辈科学家就在学术上树立了"和而不同"的良好氛围，例如，在数学系，华罗庚、关肇直、吴文俊等共同承担《高等数学引论》课程，轮流上台授课，根据各自的风格培养学生，这一做法成为校史中的佳话，展现了师生之间的互相尊重和学术交流的开放态度。

郭光灿院士在量子光学的研究初期，一直无法被学术界同行认可，认为他在搞伪科学，期待的国家支持也杳无踪影。一直坚持到1999年，在时任中国科学院院长路甬祥的支持下，中国科学院高技术发展局为郭光灿提供了5万元研究经费，并建议设立专门实验室进行长期稳定支持，这是中国科学技术大学量子信息学科的开拓人得到的第一笔名正言顺的资助，由此成立了量子信息重点实验室。一年后，该实验室被特批参与中国科学院重点实验室的评估，居然十分意外地排名全院第一。2001年，中国第一个量子通信和量子信息技术的"973项目"获得通过，郭光灿为此联合国内其他高校和研究所，从1997年开始申请了4年，"屡战屡败，屡败屡战"。与他当年推动量子光学的发展一样，郭光灿希望量子信息研究也能集中全国的力量共同进步，他将10多个科研单位的50余名科学家聚拢到"国防973项目"（国家安全重大基础研究计划项目）中，实验室纷纷建立起来，研究方向也从量子密码拓展到量子计算机、量子通信、量子网络等诸多领域，而这个"超级973项目"成员中后续有8人成为院士。从量子光学到量子信息，曾被认为

"不务正业"的郭光灿都是国内最初的"第一推动力"。

(3)"所系结合"办学模式的前世今生

所谓"所系结合",就是集中全中国科学院的力量和科研优势支持中国科学技术大学办学,中国科学院各研究所同中国科学技术大学各对口的系或专业相结合。中国科学技术大学的第一任校长郭沫若在提议办校之初就指出:"要充分利用科学院各研究所在人力、物力上的优越条件培养人才。"作为由中国科学院全院办校的特殊安排,开放利用当年中国科学院各国家级研究所的最具代表性的科技力量来办好中国科学技术大学的"精英教育"成为初始设计,而"所系结合"的研究型教育也是中国科学技术大学人才培养的初始传统。最初校园在北京时的做法是从师资提供与教师培养、装备建设、实验实践平台开放、教学体系与培养方案设计,全部由对口的研究所主持或协同,是深度融合性的。学校迁至合肥后,主要操作模式是利用中国科学院下属的 100 多个国家级研究所的雄厚资源实力,作为中国科学技术大学对应系科学生的科研实践基地,中国科学技术大学与中国科学院所属院所之间推出了建设"科教融合共建学院"的新模式(张志辉 等,2015)。其中,共建学院的研究生教育归口中国科学技术大学管理,实现了研究生教育"统一招生、统一教学培养、统一管理、统一学位授予"以及"导师、学科、平台"三位一体的深度融合。

截至 2017 年 8 月底,中国科学技术大学与中国科学院 12 个分院和 25 个研究所建立了全面合作关系,共建了 22 个联合实验室;与 40 多个研究所共建了实践基地,形成了人才培养、学科建设与科学研究三位一体的"科教联盟"。比如,信息学院 2015 级学生韩金恒在本科二年级的寒假申请去成都光电所实习,对量子通信急需解决的难点问题有了更深入的了解,这也坚定了他今后学习和科研的方向。从图 4.6 可知,近年来本科生在中国科学院研究院所开展实践教学中,专业实习的人数较多并且正在稳步攀升。

多学科的科技英才班创设是中国科学技术大学根据新的形势与目标需求,深化"所系结合"办校方针的新布局新举措。自 2009 年起,中国科学技术大学与中国科学院数学与系统科学研究院、物理研究所等 18 个研究所共

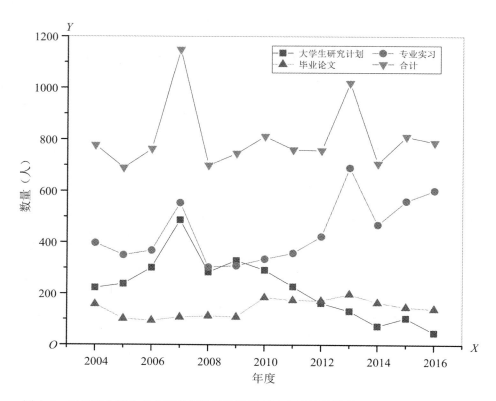

图 4.6　近年来本科生在中国科学院研究院所开展实践教学情况

同设立了 12 个"科技英才班"。其中包括 7 个基础科学类科技英才班,如"华罗庚数学科技英才班"和"严济慈物理科技英才班",以及 7 个高技术类科技英才班,如"赵忠尧应用物理科技英才班"。这些科技英才班的设立旨在培养杰出的科技人才。值得一提的是,2010 年 10 月,华罗庚数学科技英才班、严济慈物理科技英才班、卢嘉锡化学科技英才班、贝时璋生命科技英才班、计算机与信息科技英才班等 5 个科技英才班还入选了"基础学科拔尖学生培养试验计划",进一步提升了这些班级的教学质量和学生培养水平。截至 2017 年 8 月,5 个基础学科的科技英才班共培养学生 1408 人,已毕业 820 人,在读 588 人,其中继续深造的 787 人,继续深造率高达 96%。其中,严济慈物理科技英才班的毕业生深造率达96%,以2017年严济慈物理科技英才班毕业生为例,该班共有49名学生,其中37名学生分赴斯坦福大学、加利福尼亚州理工学院、麻省理工学院、普林斯顿大学、耶鲁大学、宾夕法尼亚大学等世界著名学府进一步深造,国外高校深造率达76%。这些数据体现了科技英才班的创办理念,初步印证了"拔尖计划"人才培养成效。

近年来,正在迅速兴起的量子信息技术成为各国重点支持的战略性发展方向,随着该领域深化发展,某些量子技术进入系统集成和产业化攻关阶段,迫切需要通过全方位的机制体制改革,实现优势互补、强强联合、协同攻关,走出一条跨越式发展的新路,为中国在国际上引领未来量子科技革命奠定基础。在此背景下,中国科学技术大学联合南京大学、中国科学院上海技术物理研究所、中国科学院半导体研究所、国防科学技术大学,牵头组建了"量子信息与量子科技前沿协同创新中心",联合高校与研究所,充分发挥其作为科技第一生产力和人才第一资源重要结合点的独特作用。中国科学技术大学主要从事科学和技术基础研究,为原始创新的源头,本着"有限目标,重点突破"的原则,对有希望实现可扩展量子信息处理的几类物理系统开展系统性的前沿基础研究,并不断开拓新的量子前沿交叉研究方向。南京大学、中国科学院上海技术物理所、中国科学院半导体所、国防科学技术大学等协同创新单位一方面为基础研究提供必要的技术支持,另一方面协同中国科学技术大学从事基础研究成果向技术成果的转化工作。例如,上海技术物理所便承担了"墨子号"量子科学通信卫星的研发制造工作。此外,上海技术物理所还凝聚了其他单位该领域的一批优秀科学家共同开展协同创新研究。

中国科学技术大学通过与中国科学院的紧密合作,充分发挥中国科学院的优势,使学生能够将理论与实践相结合。特别是在培养科研人才方面,学校鼓励他们尽早与科学家合作,让他们在学习期间就有机会参与前沿科学研究,亲身感受科学研究的过程。通过让本科生参与科研院所的研究计划,不仅可以提升他们的实际科研实践能力,还直接为科研院所输送人才打下基础。这种"所系结合"的方式不仅有助于学生的成长,也为未来向这些科研院所输送人才作出了积极贡献。

4.4.2.4 名校名城,融合创新

1969年末,"珍宝岛事件"致使中国与苏联关系高度紧张,军事冲突似乎一触即发。出于国家保存"两弹一星"人才和学科资源的战略考虑,中国科学技术大学被国家安排紧急南迁。当时作为安徽省负责人的李德生将军目光长远,主动提出可以将中国科学技术大学搬迁到合肥,并以超常规的速度腾出原合肥师范学院和安徽省银行干校的校舍,实现了中国科学技术大学的顺利南迁。由于合肥曾经交通不发达,经济发展水平不高,城市与人口体量小,中国科学技术大学在合肥落地伴随着一种地缘劣势。但辩证来看,节奏缓慢的中部小城也有一种内涵发展的地缘优势,因为大学是"系统性读书的最后机会",而合肥有"放得下一张安静书桌"的科教氛围。远离新闻中心和政治经济中心让中国科学技术大学减少了在新闻媒体上获得知名度的机会,却也因此而让其有机会深耕内涵,从而取得为世界所瞩目的成就。

中国科学技术大学这种来自前沿科学研究与科学教育的内涵与合肥这座乡土性很强的城市曾经相距甚远,在合肥人眼里,除了家乡杰出的子弟有幸走入学校读书,这所学校与安徽的日常生活关系不大,从20世纪70年代到90年代,中国科学技术大学对于安徽人来说,代表着前沿科学殿堂和科学教育高地,仿佛披着一层神秘的面纱坐落在合肥。

但是,文化基因在慢慢地扩散,中国科学技术大学心怀忧患、敢为人先、专心目标、创新不懈的精神,在不知不觉中与合肥这座城市的文化基因开始接近。2004年,有了中国科学技术大学以及中国科学院合肥分院等国家级研究力量的合肥市壮起胆子申请成为全国首个科技创新型试点市,获得了批准。这种求新的勇气厚积薄发,合肥市瞄准前沿产业和技术持续发力,21世纪的第一个10年末,合肥确立城市品牌为"大湖名城、创新高地",到第二个10年后期,合肥成为吸引海内外人才前来工作、交流的一方热土,高新技术与制造业的集聚令全球瞩目。

2017年6月，国家将上海张江、合肥、北京怀柔设为全国3个综合性国家科学中心。合肥国家综合科学中心的目标是聚焦信息、能源、健康、环境四大领域开展多学科交叉研究，催生变革性技术和新兴产业，成为国家创新体系的基础平台、科学研究的制高点、经济发展的原动力、创新驱动发展的先行区。

合肥国家综合性科学中心的核心在于国家实验室与大科学装置之间的紧密联动效应。合肥地区拥有同步辐射、全超导托卡马克和稳态强磁场3个国家级大科学装置，是国内除北京外大科学装置最集中的地区。在对现有装置进行升级的基础上，还计划新建聚变堆主机、大气环境立体探测、第四代同步辐射光源等大型科学装置，以实现科研集群效应，发挥"1＋1＞2"的作用。而这些大科学装置几乎全部属于中国科学技术大学和中国科学院合肥物质科学研究院，这种紧密的合作关系和科研资源的集中利用，为合肥地区的科学研究提供了强大的支持。

借助合肥地区的大科学装置，合肥在2018年规划建设了一系列新型科研平台，包括量子信息科学国家实验室、大基因中心和离子医学中心等。这些平台的主要研究领域涵盖国家信息安全、核聚变能源、雾霾治理、癌症治疗等重要科研方向，旨在通过这些平台的建设和发展，争取在全球科技竞争中取得领先地位，并在相关领域取得重要突破。

目前量子信息产业还处于发展的初期阶段，而中国科学技术大学在量子信息方面已处于世界研究机构的高水平特色方阵，可以说，在中国科学技术大学的率先奋斗下，中国在量子信息领域实现弯道超车的可能性较大。中国科学技术大学秉持"科教报国、锐意探索"的价值追求，先后成立了4家量子信息领域的高科技企业（表4.5），将实验室成果扎实落地，取得了显著的产业化孵化成果。2005年，郭光灿团队通过商用通信光路实现北京到天津之间125千米单向量子密钥传输；2009年，潘建伟团队建成世界首个光量子电话网络（合肥）；2009年，郭光灿团队建成芜湖量子政务网（芜湖）；2010年，建成世界首个全通型量子通信网络（合肥）；2014年，济南量子通信网实验网正式投入使用（严益强，2017）；2016年8月16日，中国在酒泉卫星发射中心成功将世界首颗量子科学实验卫星"墨子号"发射升空;2016年,"京沪干线"建成交工,这是世界上第一条量子通信保密干线,传输距离有2000多千米,途经北京、上海等多个城市,主要承载重要信息的保密传输;2017年1月18日,"墨子号"正式交付科学实验,8月全部提前并圆满实现三大既定科学目标,研究成果发表在国际权威学术期刊《自然》上。

表4.5　中国科学技术大学持股的部分量子领域公司情况

被投资企业名称	主营范围
科大国盾量子技术股份有限公司	量子通信技术及其设备的研制、开发
国科量子通信网络有限公司	量子通信技术、网络科技领域内的技术开发
安徽问天量子科技股份有限公司	量子器件和设备
合肥量子精密仪器有限公司	量子精密测量仪器设备研发及销售

量子信息科学国家实验室是由安徽省与中国科学院合作,并由中国科学技术大学具体承办的重大科技项目,被视为国家重点支持的前沿科技项目之一,该实验室已被列入2017年安徽省重点项目投资计划。建成后,实验室将以国家信息安全保障和计算能力提升等重大需求为导向,致力于攻克量子信息领域的前沿科学问题和关键核心技术,推动以量子信息为主导的第二次量子革命。实验室还将培育和发展量子通信等战略性新兴产业,以在国际竞争中占据领先地位,并为未来的科技发展打下坚实基础,旨在抢占量子科技领域的制高点,引领未来的发展趋势。

量子信息科学国家实验室将联合中国科学技术大学先进技术研究院这一科技成果转化平台和中国科学技术大学高新校区这一前沿技术研发平台,将合肥高新区打造成量子信息产—学—研—用一体化的重镇。从目前中国量子领域所注册的企业来看,无论哪家企业,从创始人到技术人员,总能找到中国科学技术大学的身影,中国科学技术大学持股的公司就有4家(表4.5)。以此为基础,中国科学技术大学在合肥打造的量子信息全系列阵容已经初具雏形,未来将成为中国的量子信息的前沿科研中心、国家最集聚的人才培养平台和产业知识产权孵化平台。

4.4.2.5 总结

中国科学技术大学是为中国"两弹一星"事业创办的一所大学,它的价值观和执业理念被概述为:瞄准世界科技前沿,立足国家重大需求,潜心立德树人,执着攻关创新。短短 60 多年的奋斗历程,在科学与教育基础性、国家图强的战略性工作方面作出了突出贡献,建成了一所具有中国特色和文化精神的具有世界有影响力的大学。

量子信息学是一门交叉学科,融合了量子力学和信息学的知识,而这正是中国科学技术大学的优势学科。随着其潜在应用价值和重要科学意义的认识逐渐增强,量子信息学作为近年来迅速发展的新兴学科,越来越受到广泛关注。这门学科的发展对各个领域产生了深远的影响,因此在学术界和工业界都备受瞩目。量子信息学的研究旨在利用量子力学的特性,探索和开发新的信息处理和传输方式,为未来的科学进步和技术创新提供新的可能性。中国科学技术大学从产学研用等方面对量子信息领域进行了全方位布局,其在新学科的理念设计与创新培育做法,对中国高校建设世界一流学科很有启发与借鉴价值。

4.5 科学共同体的生态适应演化

4.5.1 中国科学共同体现状刻画

1. 科学共同体与企业资源的创造性融通,成为企业创新体系获得力量的重要支点

从国家层面,强调企业是创新主体的战略定位。面临 21 世纪初国际国

内产能过剩、金融杠杆率高企、市场竞争日趋激烈，导致企业的寿命周期缩短，新陈代谢加快，很多企业都无法在剧烈震荡的市场竞争中按照正常寿命周期存活下来，能存活下来发展壮大的企业，很大比例是依靠自身融合资源建立的研发创新体系的力量，是借助科学共同体体系拥有了核心技术的支撑。在这一发展形势下，如何连接以研究型高校和重要科研院所资源融入企业研发创新能力建设成为核心战略的立足点。

自1978年"改革开放"以来，中国的产学研合作逐渐发展并不断推进，经历了从产学研联合到产学研结合，最终形成了产学研协同创新的模式。随着时间的推移，产学研合作的模式也在不断演进。根据教育部国家中长期教育改革和发展规划纲要工作小组办公室在《国家中长期教育改革和发展规划纲要（2010—2020年）》中的要求，鼓励各方特别是高等学校探索建立新的协同创新模式，产学研协同创新在国家创新体系和区域经济发展中的地位日益重要，呈现出多种多样的合作模式，这种多元化的合作模式为促进产学研之间的协同创新提供了更多的选择和可能性。一个具有国际示范意义的例子是，自20世纪90年代中期以来，本身缺少较高水平科学共同体的深圳特区与清华大学、北京大学、香港科技大学等合作建立研究院，同时，国内外近50所知名高校和研究机构与深圳合作建立了虚拟大学园，共同成立了产学研基地。这些基地在深圳设立了近80家国家级重点实验室和工程技术中心，孵化了超过2200家科技创新企业，其中，华为、中兴、中集等企业已经发展成为跨国经营的大型企业，而腾讯、赛百诺、朗科、大疆等则成为各自行业的领军企业，这些成就使得深圳成为全球关注的创新中心和科技产业中心。深圳的创新生态系统为产学研合作提供了丰富的资源和平台，推动了科技创新的蓬勃发展，为经济和社会发展作出了重要贡献。可见，高强度链接的产学研一体化有效整合了技术创新链，科学共同体集群、企业集群各自集聚大量科技资源，科学共同体在基础创新方面领先，同时还在应用研究方面有所专长，企业则是技术的需求者和创新资源快速转化落地的实施者，在创新产品的开发和市场布局方面具有优势，科学共同体与企业之间的资源结合、融通,推动了前端优质科技资源向产业链后端的高强度集聚与流动。

2. 中国科学共同体的学派、学会发展迅速

学派、学会作为一种成熟的科研体制,产生于19世纪初期的欧洲,曾经极大地引领推动了科学和工程技术的高速发展。在现代国家里,学派、学会是政府领导科学技术的智囊团和思想库,是促进全社会科学事业发展的有组织的力量。进入21世纪后,中国的科学体制也在发展中孕育出了新的能力结构,中国科学共同体的学派、学会机构的价值正在日益凸显出来。

20世纪以来,学派、学会在中国现代科学的引入和最初发育中声音相对微弱,但伴随着科技资源的集聚和发展,科技组织形式逐渐发挥重要作用,许多卓越的科学成就与之密切相关。学派和学会作为一种有效的科研组织形式,在推动科学发展方面积累了许多成功的经验,例如培养科学管理能力、协助确定前沿研究课题以及进行第三方操作等。这些经验可以为研究人员之间跨界协作的常态性联通、学术规范的共识性建立与维护、科研经费投入和合理使用的监督评估、研究风格的传承和创新精神的传播等提供有益借鉴。学派、学会作为一种具有独立价值的科学建制对中国科学发展具有的重要作用开始被期待进入较高质量的跃升阶段。

3. 中国科学共同体参与科普活动的主动性和内生力依然不足

虽然中国目前科学共同体的发展趋势良好,且取得较多成果,但科学共同体和科学家在参与科学文化活动方面显得"不够用心",真正地将自身的"光和热"发挥出来的成效不显著,其主动性和内生力均显不足。

根据《中华人民共和国2022年国民经济和社会发展统计公报》显示,"2022年我国公民具备科学素质的比例达到了12.93%",虽然与2010年相比,中国公民的科学素质取得较大进步,比例得到大幅度提升,但与发达国家相比仍有一定的差距,科学共同体面向大众的责任有所缺位,促进科学共同体和科学家参与科学文化活动的权益与责任机制尚未真正建立(可以落地操作)是主要原因,科学文化的主动性和积极性不足在逻辑上似乎是自然

结果。机制建设缺位的具体表现包括：

第一，内源性的科学文化意愿和使命感不高，科学文化"短板"缺陷严重。科学共同体集聚了大量的科学家、科研人员和科研成果资源优势，但科研成果面向公众传播的力度较弱，"重科研""轻科普"现象比较突出，重视科学文化的动力和意愿发育不良。

第二，缺乏有效的科学文化工作激励和考核机制。科学共同体和科学家仍旧遵循科研体系的评价标准，以科研成果和论文考核为主，而缺乏科学文化工作的激励目标和考核机制，缺乏投入科学文化工作的积极性和主动性。

第三，专业性的科学文化人才队伍建设不足，科学文化人才资源配置体系亟待强化。科学家、科技工作者、科学传播专家、离退休科研人员等都是科学共同体开展科学文化工作的优势智力资源，但鼓励和动员前两类人群即科研人员和科技工作者参与科学文化的政策与制度很有限，尚未建立起系统性、规范性、有独立职业价值诉求的科学文化人才队伍。

第四，科学文化形式和渠道丰富度有限，科学文化宣传水平有待提升。科学共同体和科学家的科研成果和社会形象塑造对公众面向传播时的刻板性依然偏强，很多好的科技前沿成果或基础原创成果没有进行通俗化传播或故事化叙事，导致受众很难真正理解科研创新成果的科学价值，也不易感受科学家的科学精神与价值观。因此，发挥科学共同体和科学家参与科学文化活动的积极性，需要从责任化科学文化理念、动力性考评机制、职业价值明确的人才队伍和对象化意识强烈的科学文化宣传等机制要素进行变革性完善。

4.5.2 中国科学共同体的生态特征

在120年前的1900年，中国尚未建立专门的科研机构，可以说在现代意义上还没有形成科学家的群体,也没有真正能传授现代科学知识的高等学府,自然谈不上存在科学共同体,西方国家的科学技术及其共同体完全左右了被动开放的中国。120年后的今天,中国的科学共同体已经具有了全世界最大的科技人力资源体量,机构、学会、平台的研究力量与水平也令世界瞩目;同时,一系列科学共同体的国际共识也初步建设成型。不过与西方国家相比,中国科学型社会发展历程的不同和作为环境要素的历史文化的差异,带来了中国科学共同体的运行特征有其特有的路径选择,重要的运行特色可提炼为国家目标引导的高度集体协作价值观、中国式大科学体制的优势一面以及浓郁的中国传统伦理文化氛围。

1. 国家目标引导的高度集体协作价值观

2000余年中央集权型的集体化生存锻造的协作与依附文化仿佛已浸润到中国的民族特性深处,作为文化基质同样也映射到科学共同体的行为特征之中。中国当代值得列举的大科学项目,像"神舟"系列宇宙飞船、量子卫星、天眼、暗物质探测、高速铁路网等,之所以能够取得举世瞩目的成就,创造了比科技发达国家快得多的速度,一个至关重要的原因就是中国的科学共同体能够很好地运用这种中央主导差序化凝聚资源的文化特性,在参与的每个科学共同体内部及其他相关的共同体之间能够保持高度集体协作,为了一个国家目标,在奋斗时段内排除小群差异化诉求,构成共同攻坚克难的爆发能量。这种高度的集体协作意识与意愿,不仅仅体现了自古以来中华民族集体主义生存观主导的团结一致、奋斗一致的价值认同,同时又新增了中国特色社会主义制度本身的中枢指导、分层组合特点,中国社会发展道路大环境下的共同利益构建和经典文化倡导下的集群道德要求,决定了各共同体之间形成自觉的以国家及民族的事业为重,以中枢的决策为标,以全体人民的利益为本的逻辑引导链条。

2. 中国式大科学体制的优势一面

中国社会自秦王朝中央大一统开始,向来就是以举国体制见长,发展一项国家事业时就会动员全社会资源约束小群利益全身心地投入集体目标,所以中国科学事业从一开始就存在非常重视国家主导型大科学发展模式的深厚文化基因，这就必然会形成一个具有中国特色的大科学共同体文化协同生态，这样的主题意识形态才能引起全社会的重视与动员，才能以非常规的动员机制加速科学体制的发育。

此外，我国总体社会经济发展水平和科学技术水平处于全球化快速跃迁型激烈竞争的形势，因此，集中有限的人力、物力和财力，以寻求在某些方面取得具有国际优势的突破性进展是国家型科学共同体特别在意的目标。同时，从国家规划议程中的选题到经费分配，科学共同体是不能自己独立作出决定的，必须得到国家有关部门的评价批复，因此也可以说是由国家直接控制了战略资源。从中国立场来说，这恰恰是中国大科学体制的一个独立优势。

3. 浓郁的中国传统伦理文化氛围

文化是一个国家、一个民族的灵魂，是一个民族生存发展的重要力量。5000年以上悠久历史的文化传统不仅影响着中国社会的历史进程，而且深刻地影响着中国的科学发展路径。虽然中国现代型科学共同体运行的时间不长，但从发端即浸润在中国传统文化的诉求之中，比如，求中庸、求和谐的价值观在中国社会一直影响很深。

与西方国家相比，中国科学共同体具有高度组织性、形式统一性、易于动员与管理、社会属性强等特点，并且共同体内成员与成员之间的意见相对容易妥协，坚持个人立场不松口而长期争议少。集体主义优先的共同体容易形成共同信条有其自身的优势，它可以低成本增强科学共同体的稳定性和达成一致目标，使其快速具有聚合力。

4.5.3 科学共同体生态实践演化措施

科学共同体的快速发展得益于它自身的实践举措，良好的社会价值观和科学的氛围,自主创新能力的科学研究组织提升,产—学—研—政协同链的发展,以及国家在基础研究领域的资源配置强化等措施的实行,为我国科学共同体的建设创造了很有利的实践生态。

1. 营造良好的全社会科学创造生态支撑系统

科学技术与社会互动发展的规律表明,科学技术的进步不仅深刻地影响着社会的发展,而且受社会发展的影响(胡冠中,2015)。科学共同体的成长不仅是科学共同体成员努力工作的结果,也受优良的社会氛围影响,就中国当下的社会环境而言,良好的社会氛围是中国科学共同体发展成长的必要条件。这种良好的社会氛围包括科学家自身的科学探索与技术应用热情、社会大众科学素养快速提升及知识消费需求的激发、国家对科研事业的大力投入和持续积极配置等。如果没有这些氛围要素的激荡,面向国家使命和民生目标开展科学工作,建设开放而强大的科学共同体就会失去源源不断的活力输入,出现创造意愿萎靡。

2. 实现产学研政协同链的协调机制建设

科学共同体的建设不是只有科学家的学术研究与探索,而应该是由产、学、研、政协同发力的系统事业。

第一,产业对科学与技术的需求在其中应该居于重要的引领地位,纵观历史可知,任何一项基础科学走向技术创造并应用而实现民生福祉的发明都是在产业化发展渴求的前提下诞生的,像引起18世纪工业革命的蒸汽机,正是因为在新兴的工业时代,人力已经无法满足日益庞大的产业化大生产的需要,蒸汽机这样的第一代工业动力系统才应运而生,所以说产业是科学技术发展跃迁的催化剂。

第二,在科学共同体运行实践过程中,科学研究机构(综合意义上的"学")在整个过程中始终属于中坚力量,以专业化、职业化的身份起着谋划方向和路径定标的作用。新技术不是需要时它就能立刻出现,而是有一个科学产业化过程,正是在这个过程中,科学研究机构以及战略科学家群体发挥着它独有的谋划能力,并根据此项技术的可行性进行科学链接技术和工程化的专业评估,如果确定它能够并合适输入产业中后段,就会引导设计新的技术科学与工程科学的架构方案。

第三,在整个过程中扮演操作实施角色的是产业研发机构———一类以产业化为宗旨的科学共同体。研发机构根据产业化的需要,提供技术方案在实验与市场流程里操作,想尽各种办法推动新技术、新产品与新服务问世。

第四,在这一实践流程融合链接过程中,政府从创造聚合条件和协调多元化诉求、调节目标冲突、供给社会资源等角度提供政策与规制支持,优化产、学、研协同链成型的环境。因此,在实践中探索和提炼共同协调发展中国科学共同体之道,始终是科学文化和创新生态建设不容忽视的核心命题。

3. 加强原创基础性重大科学问题研究的担当意识引导

科学共同体在承担建设科学使命中是有分层分工的,但一切科学的源头仍然在于重大原始性的探索发现与创造性发明,因此,面临当前中国国际发展与竞争新环境的严峻挑战,继续沿袭数十年模仿与跟随式研发的成功道路已经显得不合国际与国家的"时宜"。就文化转型和道路转型而言,重视加强在前沿科学重大基础问题方面的研究担当精神培育,从科学本体价值观梳理并挑战科学高地的自信心激发、使命意识构建等方面着手,开拓中国科学战略与文化的新局面迫在眉睫。

目前,中国的科学共同体在科学创新的发展自信和自立理念上的建设性实践刚刚起步,相关引导性质的建制革新正在探索中初步展开,在某些方面仍落后于老牌前沿引领国家的科学共同体,在若干基础研究上处于后知后觉的状态较为普遍,原始创新勇气和能力双向不足,原创科学探索精神还未能成系列鼓风而起。"落后就要挨打",而在世界瞩目的创新社会语境里,前沿探索和重大发现的科学技术水平在综合国力中所占的比重越来越大。同时,从知识社会和智慧生存型文明的新内涵看,加强重要科学领域的前沿基础研究是提升原始创新能力、积累关键智力资源的重要途径,也是成为世界科技强国的必备条件。此外,它还是建设创新型国家的根本动力和源泉。

随着科学语境和科学规范的变化,"后学院科学"时代的集体合作趋势让诸如大贝尔实验这种开源式大规模参与实验越来越多;新技术发展已经深度改变了公众获取知识、共享文化的渠道和体验方式,科学文化建设也从单线建设变为多线交互建设路径的立体化信息传播实践体系构建。科学文化真实的实践方式已经在不经意间发生了巨大改变,走向开放科学和亲民科学的新实践建设已经成为科学共同体科学文化生态建设的趋势之一。

第 5 章
中国地方行政区科学文化生态建设示范

5.1 中国基层治理主体科学文化建设特征

科学文化是文化的重要组成部分,作为一种科学技术在实践活动中逐渐积淀形成的独具特色的文化形式也具有"软实力"的内涵与功能。在科学文化的发展过程中,精神层面的科学文化表现出思想和价值观层面的文化,集中表现在近代科学技术发生重大变革所引起的人类意识形态领域的变革之中,为科学技术发展起到价值导向和推动作用;制度层面的科学文化是科学文化在社会中期发展形成的一个包含伦理规范、法律规范、组织规范以及政策规范等在内的相对完整规范体系;器物层面的科学文化在人类社会的生产生活中体现为近代以来科学技术发展创造出来的一系列人造的物质成果,包括各类工具、仪器器材、人工合成物以及技术产品等(杨慧民,2012)。这3个层面相互交织、相互影响:一个关于意义、价值和理据的观念体系可以通过制度安排体现,社会制度需要依据特定的观念构想来设计,且对器物的形塑也要依据特定的观念,并按照特定的制度形式来进行。

实际上,随着文化与科技发展不断深入,文化与科技之间存在的互动关系不断加强,可以说当今社会中作为国家软实力的文化,其自身的科学技术成分正在不断增加。进一步正确认识和理解科技与文化之间的关系还需对科技的社会功能进行阐述。科技作为在历史上起推动社会变革的力量,不仅对物质文明建设有直接作用,创造着物质财富,不断提升社会的物质文明水平,而且在思想观念和价值观层面通过科学思想、科学精神和科学方法等方式对社会的精神文化生活产生影响,促进着精神文明建设和文化的不断发展。这两个方面是科技对社会最主要、最突出的影响和功能。科技与社会、经济、文化之间的深层互动产生了新的启示和理念,并渗透到社会生产和生活的各个方面。随着时间的推移,科技在文化中的重要性不断增加,科技的进步对文化的建设和发展起到了不可忽视的推动作用。当今社会,科技和经济发展已进入"大科学"时代,改革开放以来所取得的成就中,科技的身影愈发凸显,科技、经济和社会越来越成为一个高度协同的统一体(夏雨晴,邵献平,2020)。随着全球化程度的加深以及各国文化之间不断冲击,科技全球化也在不断加强,国际竞争逐渐演变为科学技术的竞争,各国文化软实力的较量越来越成为科学文化之间的较量。当下,世界正面临总体经济下行的挑战,新冠病毒疫情又进一步加重世界各国经济转型与创新发展的压力。然而不可否认的是,信息技术、互联网等新兴产业的现实发展需要为推动各国进行科学技术创新活动提供了强大的动能,一股通过推进科学文化建设以加强科技创新、抢夺新一轮科技革命制高点的势头正以不可阻挡的态势在全球蔓延,发展科学文化建设已经成为全球共识。科学文化是在科学技术的实践活动中形成的较为先进的文化样式,中国若想在这场竞争之中保持优势甚至领先地位,则必须加快推进科学文化建设,探索构建完善的科学文化体系。

科学文化建设不仅要明确科学文化、科学文化的内涵及其演变的历史,同时也要明确科学文化建设的特质,即科学文化建设具有时代性、地方性、层次性。因此,中国基层治理主体科学文化的发育亟须提上议事日程。

5.1.1 科学文化建设具有时代性

科学文化,特别是其中最为核心的科学精神,通常被视为一种稳定的文化形态。然而,纵观科学发展的历史轨迹,包括科学与社会互动的历史演变,从近代科学革命到今天的 400 多年间,科学发生了巨大的变化,科学文化的内涵和传播方式也随之发生了巨大的变化。随着科学的进步,科学知识、科学方法和科学精神都在更新和发展。科学知识的更新非常快,既包括新知识的扩展,也包括对原有知识的修正。科学方法的更新没有科学知识那样频繁,但 20 世纪以来涌现的一些新的科学方法(特别是系统科学方面的方法)也为人们所熟知。

科学精神相对更为稳定,但其内涵几百年来也在演变。形成于"学院科学"时代的传统科学精神,在 19 世纪被赋予理想化色彩——科学是自由探索的事业,是祛利的,其目标和价值在于求真(谭文华,2006)。这种局限于认知规范的传统科学精神至今仍为一些学者奉为圭臬。诚然,这种求真的科学精神今天依然是科学文化的内核,但并不是现代科学精神的全部,随着 19 世纪末产业科学和 20 世纪大科学的兴起,科学与社会发展、与公众福祉、与国家命运越来越紧密地联系在一起。对满足国家和社会需要的创新的追求,对科学与社会互动的反思,融入现代科学精神中,正是科学精神中这种新的要素,使得科学全面渗透进现代社会并彰显巨大力量,也使得科学文化成为现代社会的主流文化。

科学的传播方式,从最初单向传播科学知识的"传统科学普及"范式,发展到强调与公众进行对话的"公众理解科学"范式,以及 21 世纪以来把社会公众纳入科学活动中的"公众参与科学"范式,这一切,都表明科学文化具有鲜明的时代性。今天的基层治理主体科学文化建设,因此,不能故步自封,而是要顺应时代潮流,站在科学文化发展最活跃的前沿。

5.1.2 科学文化建设具有地方性

在传统观念中,科学被认为具有广泛适用性,科学文化也常被看作一种普遍适用的文化形态,然而,我们往往容易忽视科学文化建设的地方性。实际上,科学文化建设是实现社会发展和进步的手段,在实践中,科学文化建设需要面对具体的地方情境,解决具体的问题,具有明显的地方特色。中国的科学文化建设,可以借鉴,但不能简单地照搬西方的经验,更不能不加思考地直接套用西方的科学文化理论,而应该根据中国的国情,因地制宜地重点解决本地的问题、当下的问题以及不久的将来可以预见的问题。对于中国基层治理主体而言,从理论的高度认识科学文化建设的地方性尤为重要。

浙江省在中国科学文化建设中具有独特的地位,这尤其体现为自主创新的勇气。创新不仅需要能力,也需要勇气。创新能力是物质层面的条件,创新勇气是精神层面的前提,两者相结合,创新才具有实现的可能。浙江省在作为科学文化核心内容的创新文化方面已经走在全国领先地位,但需要将其进一步形成理论凝练。更为重要的是将自主创新的勇气与科学的社会责任、国家责任相交汇,引导具有科技创新能力的企业、研究机构将研发目标与国家需求相结合,这都需要将科学文化建设地方化,立足于浙江省科技发展的现状,概况并形成具有引领效应的独特科学文化理论和模式。

例如,浙江经济发达,可以花大力气进行多层面的科学知识、科学方法和科学精神的宣传,掀起全省科学文化建设的热潮。浙江在新产业创新方面具有很大的优势,可以深入挖掘其中蕴含的产业科学的精神特质,结合产业发展弘扬科学文化。浙江的一些前沿科技(如 AI 相关的科技)具有国际先进水平,可以围绕前沿科技对社会可能产生的影响创建社会实验室,既能引导前沿科技与社会协调发展,又可以提升科学文化建设的深度和高度。浙江乡村文化礼堂的设置对农村文化建设意义重大,把科学文化的内容纳入其中,可能会起到突出的效果。浙江新媒体发展迅速,可以利用这一优势采用活泼多样的方式广泛宣传科学文化。

5.1.3 科学文化建设具有层次性

科学文化通常被视为一个整体来讨论,不过,在科学文化建设的具体实践中,把握其层次性非常重要。一般来说,狭义的科学文化建设,即观念层面的建设,主要可以分为 3 个层次(林坚,2008):

第一个层次是科学知识的传播与普及。知识传播是科学文化建设的基础性工作,是所有科学文化建设工作的基石。

第二个层次是科学思想与科学方法的倡导。公众只掌握科学知识还不够,还需要理解产生科学知识的过程和方法,从而提升自己分析和解决问题的能力。思想与方法的传授是比知识传播更高层次的要求。

第三个层次是科学精神的弘扬。公众在理解科学方法的基础上,进一步将科学方法提升到方法论的高度,即不仅理解产生科学知识的方法,还会思考为什么这样的方法是有效的和可靠的,并进一步领会科学方法论中蕴含的求真精神。这就是传统意义上科学精神的弘扬。随着科学的发展,当代的科学精神不仅包含求真,还包含创新,以及随之而来的对复杂的科学—社会互动关系的反思。科学精神的弘扬是比方法传授更高层次的追求。

以上 3 个层次逐层递进,低层次工作是高层次工作的基础,高层次工作是低层次工作的提升方向,层次越高,工作的难度越大。

中国基层治理主体科学文化建设在过去几十年取得了很大的成绩。由于原来的起点比较低,以前的工作主要体现在第一个层次——科学知识的传播与普及,在科学思想与科学方法的倡导和科学精神的弘扬两个层次上,还存在很大的不足。这是当前中国科学文化建设需要大力加强的方面,也是大有可为的方面。

不少学者指出中国传统文化缺乏理性精神,然而这个中国人精神世界中的深层问题并没有得到足够的重视。目前我国存在两个主要方面的理性精神缺失：一是社会公众缺乏理性精神，表现为社会谣言、群体性行为的增多以及网络上的非理性行为等；二是部分决策缺乏理性，如决策缺乏科学化和民主化程度不高。在大多数情况下，科学精神与理性精神可以视为同义词。具体而言，科学具有分析性，即将自然界视为独立于人类的对象进行研究；科学具有严密的逻辑性，即根据事实材料，遵循逻辑规则进行概念形成、判断和推理；科学具有抽象性和系统性，能够透过现象看到事物的本质和规律性，而不仅仅是对现象和经验的简单描述。因此，科学文化建设对于当前社会理性精神的塑造具有最重要和最直接的意义。

5.2 浙江省科学文化生态培育的规划与实践路径

5.2.1 浙江科学文化建设的必要性与可行性

当前，中国特色社会主义建设进入新的发展阶段，科学文化建设符合新形势、新方位下中国决胜全面建成小康社会、开启全面建设社会主义现代化国家新征程的总体要求。而浙江创建全民科学文化示范省与此一脉相承，不仅如此，当前浙江省经济社会发展现状也要求推进科学文化建设。经过数十年的飞速发展，浙江省在经济层面已经位居全国前列，不断蓄积雄厚的科技研发和应用能力，同时浙江深厚的历史文化底蕴仍待进一步发掘和弘扬，这些优势都推动浙江科学文化建设向高层次、高水平迈进。

2023年浙江省政府工作报告指出，浙江省经济社会发展仍存在不少矛盾和问题：在经济发展方面，经济下行压力加大，实体经济提升困难增加，金融风险依然威胁着经济的稳定性；在民生领域，短板仍待补齐，在教育、医疗、养老、托幼、生态环境等诸多方面还存在不足；在应对及防范风险层面，一些行业和领域安全生产事故时有发生,部分区域、流域防洪排涝能力不足,应急体系和应急能力建设有待加强,安全风险隐患仍然较多;在科技创新领域,科技创新和人才支撑能力亟待提升,制约高质量发展的结构性、体制性矛盾仍需大力破解(袁家军,2020)。

在国内外风险挑战明显增多、经济下行压力持续加大的背景下,经济运行的不确定因素增加,浙江面临出口成本大幅上升、低成本劳动优势弱化、产业链加快转移以及知识密集型产业与高技能劳动力不足等一系列挑战(吴可人,2020)。而浙江省经济驱动上知识转型尚未完成且迫在眉睫,经济促进科技发展疲乏,乡镇企业迫切需要转型换代,然而当前科学普及具有强功利性,对此类性质的科学文化的宣扬不仅无法发挥出推动社会进步的积极作用,反而会进一步放大科技不正当应用所带来的负面影响。这些现实需要都要求浙江省推进科学文化建设,为促进经济转型与推动社会发展提供更强大的动力。

1. 经济发展

浙江经济依靠科技创新转型升级、向科技要力量。适应信息文明时代发展需要的产业更新换代步伐加快,在数字化、智能化等发展方向的引领之下,浙江产业结构加快从"轻"到"重"再到"高",云计算、大数据、移动互联网等新一代数字基础设施建设快速推进,人工智能、物联网开始与实体经济深度融合,网络化协同制造、个性化定制、MES 系统制造、分享制造等"互联网＋制造"全面兴起,行业加速迭代和质变(杜平,2019)。浙江经济已从原来的以民营经济、块状经济为特色转向以"互联网＋"、数字经济为主导产业。涌现出阿里巴巴、海康威视、新华三等一批创新型领军企业。2022 年全省生产总值 7.8 万亿元,其中人均 GDP 为 11.99 万元,位列全国第一。经济快速发展为科学文化建设奠定了物质基础。

2. 科技发展

近年来,浙江省科技发展实现了跨越式发展,全省扎实推进"两区四廊"建设,组建国家数据智能技术创新中心,加快推进大科学装置建设,支持浙江大学加快建设世界一流大学,创办了西湖大学和之江实验室,打造"互联网＋"、生命健康两大世界科技创新高地。这些创新举措既有力地促进了科学文化发展,也为科学文化新发展提出了新需求。

3. 文化发展

浙江历史悠久,文化底蕴深厚。从古代开始,浙江的科技成果和科学文化就不断涌现:河姆渡文化的稻作、舟楫技术,良渚文化的制玉、建筑技术,春秋越国的青铜剑和造船技术以及新道家思想;农业和水利技术、蚕桑丝织技术、四大发明的发展和应用以及新儒学理性精神等。到了近现代,浙江科学文化中蕴涵的科技爱国精神、理性求是精神、务实创新精神、开放图强精神不仅推动浙江省科技进步与科技人才培养,也为中国科技发展提供了强大动力(万斌,2010)。

2005 年,习近平同志主政浙江期间,作出了加快建设文化大省的决定。2011 年浙江省委又提出了要建设文化强省。2020 年 11 月,在浙江省委十四届八次全体(扩大)会议提出的浙江"十四五"时期的主要目标中,"争创新时代文化高地"是其中之一。2020 年 10 月,浙江省人民政府办公厅发布行动计划,正式提出"到 2025 年,初步建设成科学文化强省"。2022 年浙江省公民具备科学素质的比例为 15.70％,位居全国第五;各区域、各人群科学素质发展不均衡明显改善,科学素质建设推动人民精神生活共同富裕,社会文明程度实现新提高。当前,27 个县被国家列为新时代文明实践中心试点县,2000 多个乡镇(街道)建有党群活动中心,1.4 万个 500 人以上的行政村、社区建成了文化礼堂(文化家园),这为浙江省的科学文化建设提供了扎实的文化基础。

浙江在"十四五"规划中提出要努力打造新时代文化高地,"形成有国际影响、中国气派、古今辉映、诗画交融的文化浙江新格局"。科学文化是人类社会文化系统的一个子系统,也是文化系统中最具先进性和引领性的部分。科学文化随着科学技术的发展而不断发展,其价值和力量日益凸显,逐步成为现代人类文明的基本要素和社会文化的主导形式。在打造"新时代文化高地"和"文化浙江"的过程中,独具浙江特色的科学文化建设,必然是其中不可或缺的重要部分。

浙江创建全民科学文化示范省是顺势而为,是浙江生态文明建设的延续和升级。科学文化和生态文明都是这个时代呼声最高的主题,它们的发展都关系国家和社会的长远发展。两者的发展关系这个时代的发展前景,从科学文化建设与生态文明建设两者的关系来看,两者之间是相互渗透、相互作用、相互促进的复杂关系(夏雨晴,邵献平,2020)。一方面,科学技术的进步不仅是经济发展的重要手段,也为解决当下生态危机提供了新的方法和新的技术。科学文化作为科技发展的产物,对科技的发展有着不可忽视的反作用,因此,推进生态文明建设必须注重科学文化的建设。另一方面,如今的生态危机最为根本的原因是文化观念的落后与扭曲,沃斯特指出:"我们今天所面临的全球性生态危机,起因不在生态系统自身,而在于我们的文化系统。"(Worster,1994)只有当科学文化与生态文明的建设目标和核心理念相统一,才能更好地发挥科技的发展与应用在生态文明建设中的积极影响。

5.2.2 文化浙江,传承引领实践

要引领发展,一种文化必须与主流文化融合并发挥引领作用。经过几代人的积淀,一种文化形成了精神层面的文化基因,并融合成了科学文化的精神价值,这些精神价值通过科学文化的实践和物质表现得以展现。

5.2.2.1 优秀传统文化中蕴含的科学精神

浙江文化源远流长,从萌芽时期的河姆渡文化、马家浜文化、良渚文化,到春秋战国时期吴越文化的生成,再到隋唐宋元时期浙江文化的成熟以及明清时期浙江文化的繁荣与转型,浙江文化历经千百年的发展,在中华民族

文明史上写下了灿烂辉煌的一笔。环境对于文化的形成起着决定性作用，它孕育了各种文化现象，使人类文化带有自然的特征，形成了一种生态现象。浙江"七山一水二分田"的自然生态，"面朝大海"偏安一隅的地理形态，迫使思维敏捷的浙江先民为开拓生存空间，形成了强烈的创造与创新冲动和矢志不移、永不懈怠的实践精神。千百年来，浙江传统手工业、民间工艺、制造业、医学等诸多方面不断进步，浙江人民在长期的手工生产实践经验积累中形成了生产技术，又从长期的生产技术实践积累中出现科学萌芽，并上升为理论或体系的科学思想，从而又极大地促进生产技术的进步，有力推动了社会生产力的发展。

归纳起来，浙江传统文化具有以下5个主要特征。

1. 浙江传统文化是"水文化"和"智者文化"

所谓水文化，既有物态文化的层面，包括由此形成的稻作文化、鱼文化、船文化、桥文化等，又有心态层面的文化，如以柔克刚、刚柔相济等。浙江先民崇尚"居善地，心善渊，与善仁，言善信，正善治，事善能，动善时"的"水性人格"，坚忍负重，居卑忍辱，在与水的长期征服斗争中，养成了冷静、机敏又富于冒险的性格，形成了善于发挥所长、善于把握行动时机、务实科学的"智者文化"。大禹的"因势利导，敬业治水"，越王勾践的"卧薪尝胆，励精图治"，都是其中的典型代表。

2. 浙江传统文化眼界开阔，思维敏捷，创新进取，富有活力

古越先民因地制宜，充分发挥水资源丰富的优势，在稻作、建筑、水利设施建设等方面都取得了很大成就；不固守家园，不断寻求新的发展空间，善于汲取他人之长为我所用。越民族或被迫、或自发的频繁迁徙生涯，培养和锻炼了他们顽强拼搏、开拓进取、善于汲取的品格和精神。浙江人的创新精神还体现在对新思想的接收和容纳上，佛教引入后在浙江民间逐渐盛行，浙江学者对西方科学和思想也表现出了极大热情；到了近代，浙江人视野早一步迈出国门去学习西方先进的思想与文化。这种思维敏捷、视野开阔、创新进取精神的文化特征，使得浙江在文学、艺术、哲学、历史、自然科学等领域

人才辈出。

3. 浙江传统文化"士农工商同道,义利相互兼顾",经济与文化同步发展

越国的商业活动,见诸历史文献的,主要是计倪和范蠡的经商活动,计倪为越国制定了一套兴农利商的政策,范蠡则受越王委托在市镇中设立集市。浙江地处东海之滨,隋、唐、五代及两宋时期,宁波、温州都是贸易港口。名闻当时的永嘉学派薛季宣、叶适和"四明学派"杨简、袁燮,以及义乌学派陈亮等皆受当时温州、宁波、金华等经济发展、商贾发达的空气熏染,讲究功利,主张义与利的一致性。浙江文化"义利双行"的内涵,就是用儒家的道德伦理来引导对现实功利的追求,又反过来用现实的功利来检验主体对价值观、道德信仰的理解的有效性,"义"与"利"成为辩证统一的有机体。

4. 浙江传统文化充满理性智慧

浙江文化经世致用、求真务实的价值关怀,决定了浙江文化能够根据客观条件与外部环境的变化发展,积极给予回应,在实践中发展出了自己的"审时度势、达观通变"的理性智慧,从而保持生机勃勃的活力。浙江文化自我实现的理性智慧主要表现在以下3个方面:一是积极回应自然环境的变迁,如发达的水利文化,浙东运河的修建等;二是积极利用宏观政治格局的变化,虽不能左右宏观政治格局的变化,但能以"以民为本、富民兴邦"的价值关怀,理性地主动适应之;三是以"达观通变"为核心的创新智慧。

浙江传统文化中的理性智慧形成的原因如下:

第一,生产关系的创新,商品流通、自由劳动力市场、资本主义萌芽的雏形等,相对于封闭的自然经济是一个重大的突破。

第二,思想的创新,浙江在历史上不断出现具有创新思想的思想大师,如陈亮、叶适的事功之学,王阳明的心学,黄宗羲的政治学说,章学诚的方志理论等,都是浙江文化富于创新性的表现。

5. 浙江传统文化具有多元性、交融性和互补性

浙江文化的多元性、交融性和互补性主要体现在吴越文化的交融以及越文化与楚文化、中原文化的关系上。吴越在地域上互为近邻,在族属上属

于同一族群——百越,然而最早是两个分散的部族。吴国和越国多年战争不断,曾互相征服,同时也相互影响,有着同样的语言和相近的社会风俗。吴越文化形成于春秋时期,成熟于春秋末至战国时期,一度成为浙江文化的代名词。越与楚自有文化渊源,由于两国部分境土相接、玉帛相通、交流密切,故而在文化上相互影响较深。越与中原文化的关系,最早则可以追溯到商代初年,此后随着越国人口迁徙,加速了越与吴、楚及中原各国文化的交融。特别是在南宋定都临安之后,随着政治中心向南方迁移,中国历史上出现了又一次大规模的北方文化南移现象,浙江地区的文化由此进入了前所未有的繁荣时期,成为当时中国政治、经济和文化的中心之一。浙江不仅是宋、明新儒学运动的发源地之一,也是这一运动的重要传播和演变地区,同时也是封建社会后期批判哲学和启蒙思想的发源地。

可以看出,浙江传统文化中的客观、务实、理性智慧、勇于创新、励志图强、开拓进取、兼容并蓄的价值理念和"义利并重"的伦理观,与当代科学精神的内涵是一脉相承的。

5.2.2.2　当代浙江精神中的科学文化内涵

中华人民共和国成立以后尤其是改革开放以来,浙江走出了一条具有时代特征、中国特色、浙江特点的发展道路,成为一个经济社会发展速度、发展水平、发展活力都居于全国前列的省份,在发展过程中也逐步形成了独具特色的当代浙江精神,当中蕴含着丰富的科学文化内涵。

1. "浙江精神"中的科学内涵

2000 年,时任浙江省委书记张德江在省委第十届四次全体(扩大)会议上,正式提出了十六字浙江精神,即"自强不息、坚忍不拔、勇于创新、讲求实效"。党的十六大以后,浙江省委对浙江精神进行了重新概括与提炼,时任浙江省委书记习近平专门撰文将新的浙江精神界定为"求真务实、诚信和谐、开放图强"十二字的表述。2012 年 6 月,时任浙江省委书记赵洪祝在浙江省第十三次党代会上提出了"大力弘扬民族精神、时代精神和以创新创业为核心的浙江精神,积极倡导以'务实、守信、崇学、向善'为内涵的当代浙江人的共同价值观"。2017年6月,时任浙江省委书记车俊代表浙江省委在省第十四次党代会上再次倡导浙江精神,提出"统筹推进富强浙江、法治浙江、文化浙江、平安浙江、美丽浙江、清廉浙江建设"的"六个浙江"建设战略以及"改革强省、创新强省、开放强省、人才强省"的"四个强省"导向,将浙江精神与浙江发展战略推向深入。

浙江精神在浙江发展中起着巨大的内在动力作用,浙江精神中"创新创业""求真务实""开放图强"的特质,也正是科学精神的核心与灵魂。

2. "八八战略"中继承与创新的统一

2003年7月,中共浙江省委在第十一届四次全体(扩大)会议上,提出了面向未来发展的8项举措,即进一步发挥8个方面的优势、推进8个方面的举措:

(1)进一步发挥浙江的体制机制优势,大力推动以公有制为主体的多种所有制经济共同发展,不断完善社会主义市场经济体制。

(2)进一步发挥浙江的区位优势,主动接轨上海、积极参与长江三角洲地区交流与合作,不断提高对内对外开放水平。

(3)进一步发挥浙江的块状特色产业优势,加快先进制造业基地建设,走新型工业化道路。

(4)进一步发挥浙江的城乡协调发展优势,统筹城乡经济社会发展,加快推进城乡一体化。

(5)进一步发挥浙江的生态优势,创建生态省,打造"绿色浙江"。

(6)进一步发挥浙江的山海资源优势,大力发展海洋经济,推动欠发达地区跨越式发展,努力使海洋经济和欠发达地区的发展成为我省经济新的增长点。

(7)进一步发挥浙江的环境优势,积极推进基础设施建设,切实加强法治建设、信用建设和机关效能建设。

(8)进一步发挥浙江的人文优势,积极推进科教兴省、人才强省,加快建设文化大省。

"八八战略"中前后两个"八",含义各不相同。第一个"八"指的是目前已体现出来的"八个优势",第二个"八"指的是8个方面的举措,是在现有优势基础上进一步发挥、培育和转化,推动经济社会发展增创新优势、再上新台阶。"八八战略"体现了主政者的整体观、实践观、辩证观和使命观,是继承和创新的统一。十几年来,浙江经济社会发展所取得的成就,就是历届省委带领群众一张蓝图绘到底,锲而不舍实施"八八战略"的结果。

3. 从"四千精神"到"新四千精神"——浙商精神的创新与发展

改革开放初期,为了实现脱贫致富的目标,浙江人形成了一种被称为"四千精神"的态度,这种精神表现为"走遍千山万水、说尽千言万语、想尽千方百计、吃尽千辛万苦"。这种敢于冒险、勇于行动、不屈不挠的韧性精神推动了浙江的改革和发展。在面对金融危机的冲击和推动浙江经济转型升级的过程中,浙江企业家又提出了一种被称为"新四千精神"的理念,即千方百计提升品牌、千方百计保持市场、千方百计自主创新、千方百计改善管理。从以体力付出为主的老"四千精神"到以创业创新为核心的"新四千精神",生动反映了浙商精神的内涵随着时代发展不断拓展深化,激发出新的活力。"新四千精神"是浙江企业转型升级、可持续发展的新动力,在"品牌、市场、创新、管理"4个方面中,核心是"创新",自主创新是拓展市场、科学管理、提升品牌的强大"引擎"。

4. 浙江籍科学家的"科技爱国、理性求真"精神

浙江的文化传统一直以来都高度重视凭证据而不凭主观臆断的治学精神,展现出浓厚的"理性求真"的精神,这种精神已经深深地烙在每个浙江知识分子的内心深处,成为他们的基本观念和思维方式。这种求真精神与现代科学精神中的"理性、追求真理、分析、实践"等价值观相吻合,是培养现代科技人才的重要素养。浙江自古以来科技发达,科学技术在全国处于领先地位,浙江的知识分子早就认识到科学技术在推动社会经济发展、实现国家富强方面的重要作用。在这些因素的共同影响下,浙江培养了大量的科技

人才,科学家的数量远超过全国大多数地区,成为浙江文化的一大特色。

当代比较著名的浙江籍科学家包括以下这些人:医学方面,中医学家叶熙春,公共卫生学家金宝善;地理学方面,地质学家翁文灏,地理与气象学家竺可桢,自然地理与海岸科学家任美锷,海洋学家毛汉礼;农业方面,当代"茶圣"吴觉农,水稻学家杨开渠;数学方面,数学家姜立夫、陈建功、苏步青、陈省身;物理学方面,核物理学家赵忠尧、钱三强,光物理学家严济慈,空气动力学家钱学森,生物物理学家贝时璋,半导体物理学家黄昆;生物学方面,细胞学家朱洗,动物学家伍献文,古植物学家斯行健,实验胚胎学家童第周,遗传学家谈家桢等。

中国科学院院士和工程院院士是中国最顶尖科学家和工程技术专家的代表,1955—2019年我国的两院院士共有2610人,其中浙江籍两院院士有407人,占总人数15.6%,仅次于江苏(477人),在31省市中排名第二,是第三名山东省的两倍多。拥有数量众多的两院院士,与浙江传统文化底蕴深厚、重视科教、经济基础良好等要素是分不开的。

5.2.2.3 新时代浙江企业家精神发展

改革开放后,浙江的企业家具备审时度势的能力,勇于承担冒险,抓住先机,使得浙江商人成为在国内外颇具影响力和强实力的商业团体,成为推动中国经济发展的重要力量。浙商精神所秉承的优良传统基因在建设中国特色社会主义的伟大实践中得以激活,一大批有鲜明民族特色的中国企业家涌现出来,展现出当代浙商精神。浙江企业家普遍具有诚信、坚韧、冒险、创新、担当的特点,这些特点的集合凝聚成浙江企业家精神的核心内涵。

企业家精神并非一成不变,需要结合时代发展要求,不断创新与发展具有时代前瞻性的企业家精神。浙江各地充分发挥院士专家引领作用,开展示范科学文化。如浙江省科协发挥院士专家积极推进"碳达峰、碳中和"专项行动,普及低碳理念,助力浙江省实现"双碳"目标。组建浙江省"双碳"专家宣讲团,宣讲团由中国工程院院士、浙江大学能源学院院长高翔教授领衔并担任名誉团长。举办"'碳'循新生,'绿'动未来科普巡展"暨浙江省"双碳"专家巡讲启动仪式,开展全省巡讲、巡展,用院士专家的先进带头作用引领公众,强化价值引领,坚持研普协同,践行为民惠民。各地级科协通过建立专家库、智囊库,定期组织科研工作者和企业家到学校、各类科学文化馆、企事业单位等进行宣讲,普及科学家精神和企业家精神;大力发展"创客空间""创业咖啡""创新工场"等新型孵化模式,建设新型创业孵化生态系统;建设一批科学文化特色小镇、文化和科技融合基地、科普教育基地等;在博物馆中增加反映科技进步和科学家精神的相关展项,依托科技馆、国家重点实验室、重大科技工程纪念馆(遗迹)等场所,建设一批科学家精神教育基地等手段促进企业家精神与科学家精神融合,以企业家的身份做科学,更有效地推动科学成果走向产业化,加速当地创新能力进步脚步。

5.2.2.4 弘扬科学家精神

浙江省一直坚持在科学文化建设实践中弘扬科学家精神。2021年世界青年科学家峰会"科学三季"科学分享系列活动,用"不懈守卫""不止巅峰""不尽碳索"解读科学在春天萌芽、夏天盛放、秋天收获的科学之旅,3位院士领衔,7位顶尖专家参加了科学分享,吸引了600多万网友关注,在让公众感兴趣的同时弘扬科学精神和科学家精神;2022年浙江省举办院士高端科普报告,推动成立18家首批"浙江院士科普基地",推动院士进入学校示范开展科普活动。在全国科技工作者日、全国科技(科普)活动周期间,杭州、宁波、绍兴、嘉兴、湖州及景宁等地,以"浙江院士科普基地"为基础,邀请了朱位秋、都有为、沈树忠、房建成等10位院士,或走进中小学校,或"云中有约",用他们渊博的知识、动人的故事和亲历者的自述,向广大中小学生和青年科技工作者,分享科研之路历程,启迪科学思维,培育科学精神,弘扬科学家精神。

绍兴市的实践一方面是开展"弘扬科学家精神"主题宣传。2021年,《我和我的祖国——中国科学家精神》主题展在绍兴科技馆开幕,主办方创新展览形式,同步制作了 VR 全景数字展。市委宣传部、市人才办、市机关党工委联合发文,动员市级部门、市直单位组织党员干部职工观看,共接待预约团队 70 余批次、观看人数达 1.8 万余人次。与市委宣传部、市科技局联合举办"弘扬科学家精神"专题报告并进行网上直播,线上线下听众有 2.3 万余人次。同年还开展了"不忘初心学党史、弘扬科学家精神"微信有奖竞答活动,参与答题人数有 2.5 万余人次。9 月份全国科普日期间,"绍兴云上科普日"平台专门设置了"传诵科学精神"和"中国科学家精神"VR 主题展板块,受到广大网民喜爱并踊跃参与。另一方面是举办中国科学院老科学家巡回科普报告。2021 年,与市教育局联合下发通知文件,动员各中小学校、高等院校等积极申报,做好中国科学院老科学家科普演讲团来绍接待服务工作。2021 年 5 月 10 日至 20 日,7 位中国科学院老科学家从物理学、天文学、航空技术、环境科学、医学与健康、南北极气象与全球变化等多个领域,为绍兴的中小学生、高校师生、领导干部与公务员、社区居民带来了 92 场高质量的科普报告,线上线下听众有 8 万余人次。

5.2.2.5　科学与文化融合

回顾改革开放以来浙江省文化建设历程,从"文化大省"到"文化强省",再到"文化浙江",直至"科学文化强省",实质是浙江省文化建设从量的积累迈向质的提升过程,是"一张蓝图绘到底",接续推进先进文化建设的过程,它们既一脉相承又与时俱进。科普作为科学文化建设过程中独特的实践形式,既是科技强省建设的重要组成部分,同时也是浙江文化建设的一项基础工程。在此过程中,浙江一直用自己特有的春风化雨、润物无声、唯实唯先、创新制胜、尚学崇文、以文化人的江南文化特征融合着科技与文化,浸润着公众。

5.2.3　科学文化政策制定

制度规范是科学文化的功能表现,指的是组织规范与制度体系等,在推进科技创新实践和科学文化融合工程中,有助于促进科学与社会深度融合。

5.2.3.1　科技创新的发生机制及政府的作用

科技创新的发生是市场、政府、新技术、企业家创新意识等各种动力因素合力的结果,其中市场与政府是促进科技创新的两股重要力量,共同构成了科技创新的制度基础。企业在内部动力激励和外部市场竞争压力的双重作用下,不断创新,推动社会经济的发展。然而,在市场无法有效提供创新基础设施和基础研究等领域的情况下,需要依靠政府的宏观调控来填补这一市场失灵的空白。在科技创新实现的过程中,市场在提供基础支持方面发挥着重要作用,而政府则在推动和引导方面发挥作用。不同类型的科技创新决定了政府和市场在实现活跃的科技创新过程中扮演不同的角色,实现两种制度基础的有机结合。

政府在促进科技创新方面不仅要提供政策激励,还应发挥规划引导和组织协调的作用,促进科技创新成果的转化。特别是在全球科技经济一体化发展的背景下,单靠市场中的企业已经无法有效进行科技资源的优化配置,这导致原本以企业为主要创新主体的模式发生了变化。政府通过制定规划、实施财政政策、制定法律法规等经济和政治手段,日益凸显其推动科技创新的作用。

5.2.3.2　浙江政府在科技创新中的作用

寓于区域体制变迁之中,浙江地方政府在科技与产业创新中的作用经历了一个从"无为"治理者、被动适应者向引导、服务者角色的转变过程。

浙江政府在科技与产业创新中的主要作用体现在以下3个方面：一是制定产业区位政策；二是组建协会、技术中心等中介服务机构；三是通过各种科技计划项目、产业园区建设以及推动产学研合作等，促进不同"块状经济"之间的资源及产业整合。开明务实的地方政府在市场和政府的平衡关系中表现极大的科学性，地方政府的职能经历了一个由"第一推动力"到"引路者"再到"监督者"的转变过程，科技与产业的自主创新发展表现出了市场作用与政府自主创新战略管理的有机统一。在区域经济体制变革过程中，地方政府对制度创新和民营经济的保护与支持发挥了重大作用，同样，在区域创新体系的构建方面，政府依然起到了主体培育、环境营造、升级引导等作用。

5.2.3.3　浙江科技政策法规梳理

科技政策作为国家政策体系中的重要组成部分，指导着科学技术活动的方向和内容，也是实现科技资源配置的重要手段，地区科技创新政策对提高企业技术创新能力以及促进地区科技发展具有重要作用。西方发达国家的政府机构均以使用灵活有力的政策法规干预经济发展而著称，在推进科技创新能力提高方面也不例外。

本节将科技创新政策按照创新主体、产业类型和政策工具3个维度来进行分类梳理。

1. 创新主体维度

科技创新主体是科技创新政策的作用对象，是科技创新活动的实践者。本节根据科技政策的实际调整对象将其划分为企业、高校院所、科技人才、科技中介、创新园区/平台、产学研联合体、社会团体和事业单位等几个类别。

2. 产业类型维度

引导、规范科技创新活动在不同领域或产业的发展方向与进程是科技政策的主要目标之一。为突出科技创新特色，本节在沿袭国际上较为通行的三大产业划分的基础上,将高新技术产业也单独作为一个类别,将科技政策指向的领域划分为第一产业、第二产业、第三产业、高新技术产业等几个类别。

3. 政策工具维度

根据科技创新政策对技术创新产生影响的层面,可以将政策分为环境型、供给型和需求型 3 种类型,这些类型都是以科技创新政策扶持技术创新为导向的。环境型政策主要是通过改善技术创新环境间接影响科技创新的发展,如科技金融、财税措施、法规管制、策略性措施以及公共服务等。供给型和需求型政策可直接作用于科技创新企业和高新技术产业,其中供给型政策是为科技创新提供推动力,包括制定资金支持、人才支持、技术支持、信息支持等政策;需求型政策是指通过政府采购、服务外包、贸易管制等手段扶持地方科技发展。

以上 3 个维度具体划分情况及说明详见表 5.1。

表 5.1 科技政策划分维度及说明

维度	类别	具体说明
创新主体	企业	企业、高新技术企业、创新科技企业、外企、中小企业、中外合作企业等
	高校院所	科研机构、研发中心、科技经营机构、新型研发机构等
	科技人才	科技人员、技术人才、管理人才、中青年人才、高学历人才、科研专家等
	科技中介	经纪人、中介机构、金融机构、投资机构等
	创新园区/平台	技术开发区、科学基地、科技创新园区、孵化器、研发平台等
	产学研联合体	产学研、创新联盟、战略联盟、产业联盟
	社会团体及事业单位	行政管理机构、科技社会团体等
	综合	政策措施作用对象较为广泛,并不针对某一创新主体

续表

维度	类别	具体说明
产业类型	第一产业	农业、林业、渔业
	第二产业（不包括高新技术产业）	传统制造业、钢铁产业、石油工业等
	第三产业（不包括高新技术产业）	服务业、交通运输业、教育与体育、公共事业
	高新技术产业	电子与信息、生物与医药、新材料、高端装备制造、新能源汽车等
	综合	政策措施作用对象较为广泛，并不针对某一特定产业
政策工具	供给型	技术、人才、资金、信息等支持
	需求型	服务外包、政府采购、贸易管制等
	环境型	科技金融、财税措施、法规管制、策略性措施、公共服务等

本书搜索了浙江省人民政府、浙江省科技厅等官网的政务公开栏目中2020年10月[①]—2022年9月政府有关部门颁布的与科技相关的政策法规文件共计21条，按照上述3个维度进行分类梳理，统计分析结果如表5.2所示。

在政策措施作用的创新主体方面，除了面向所有创新主体的科技发展规划、综合性规范文件和科技管理制度以外，关注最多的是企业，相关政策有4条，占比为19.0%；其次是创新园区/平台和高校院所，相关政策各有2条，各占比为9.5%。此外，产学研联合体和科技人才相关政策数量也各有1条，反映了近年来科技管理制度的规范化程度在进一步提高。

[①] 2020年10月浙江省人民政府办公厅发布行动计划，正式提出"到2025年，初步建设成科学文化强省"。

表 5.2 2000—2021 年浙江科技政策分类梳理

维度	类别	政策条目数量(条)	比例(%)
创新主体	综合性规范文件	11	52.3
	企业	4	19.0
	创新园区/平台	2	9.5
	高校院所	2	9.5
	产学研联合体	1	4.8
	科技人才	1	4.8
	社会团体及事业单位	0	0
	科技中介	0	0
产业类型	综合性规划、政策和制度规范	12	57.1
	高新技术产业	4	19.0
	第一产业	3	14.3
	第二产业（不包括高新技术产业）	1	4.8
	第三产业（不包括高新技术产业）	1	4.8
政策工具	环境型	8	38.1
	供给型	8	38.1
	需求型	5	23.8

在政策措施作用的产业类型方面，除了面向所有产业的综合性规划、政策和制度规范外，高新技术产业相关政策数量相对较多，共有 4 条，占比为 19.0%。反映了近年来政府对高新技术产业发展的高度重视。

在政策工具方面，通过优化发展环境从而间接影响科技创新发展的环境型政策达到 8 条，占比为 38.1%；为科技创新提供技术、人才、资金、信息等支持的供给型政策有 8 条，占比为 38.1%；通过政府采购等推动创新的需求型政策仅有5条,占比为23.8%。以上数据也反映出,近年来政府的科技政策正由直接支持、引导逐渐向营造环境、规范制度、加强监督等方面演化。

作为浙江科学文化标志性的政策——《浙江省科学技术普及条例》(以下简称《科普条例》)于2023年5月26日审议通过,自2023年7月1日起施行。《科普条例》紧密结合浙江科学文化实践,总结提升近年来浙江省科普工作的成功经验和做法,具有不少创新特色和亮点:一是全面提升全社会对科学技术普及重要性的认识。《科普条例》中明确规定了"坚持科普与科技创新并重"的原则,强调科普是全社会共同承担的责任。二是《科普条例》坚持问题导向和需求导向,对新时代科普工作进行了系统性的制度设计。针对当前存在的问题,如对科普工作认识不足、政府及部门职责不清晰、责任落实不到位、科普与科技创新同等重要的制度安排不完善、网络上流传的伪科学等问题,以及浙江省第十五次党代会对新时代科普工作提出的新需求,《科普条例》结合问题导向和需求导向,对科普工作的组织管理、资源配置、活动开展、人才培养以及保障措施等关键环节进行了系统性的制度设计。三是对近年来浙江省科普工作创新实践进行总结提炼。浙江是"绿水青山就是金山银山"生态文明理念的诞生地,生态文明知识科学普及,湖州、萧山的公共场馆科普化,科普数字化改革,科普专业人才职称评聘,首席科学传播专家制度,科学家精神教育基地、院士科普基地等都是浙江省积极而富有成效的探索实践,《科普条例》中将这些实践创新上升到法规制度层面在浙江省实施,将科学文化制度化、社会化。

5.2.4 数智社会——科学文化数字化实践

在浙江科学文化建设过程中,数字化是其突出的亮点。浙江数字化转型的科学文化传播效果是非常突出的。

1. 转变思路，聚焦社会需求

在数字化转型的背景下，浙江的科学文化工作逐渐转变思路，由"大水漫灌"到"精准滴灌"，即在常规的"泛科普"宣传之外，越来越多地强调根据公众的现实需求，根据实践中出现的现实问题，有针对性地进行科学文化传播工作。在数字化时代，常规的科学知识很容易获得，高质量科学文化只有以公众所关心的问题为导向，以公众的现实需求为指引，才能满足公众对科技文化知识日益增长的需求，才能使科学文化传播工作紧跟社会发展的步伐。

例如，老年人在运用智能手机方面普遍存在现实困难，由此产生了"数字鸿沟"问题。2021年3月起，浙江省科协聚焦国家所需、群众所盼、未来所向、科协所能，从科学文化领域寻找适合的场景和切口有针对性地推进工作，按照社会化协同、规模化覆盖、公益化服务、数字化融入的要求，在数字科普领域率先开展先行先试，牵头开展"银龄跨越数字鸿沟"科普专项行动，为广大老年人群体免费提供智能手机使用培训，实现在老年群体科普方向和领域的"精准科普"。专项行动通过"社会化协同、规模化覆盖、公益化服务、数字化融入"的手段，打造数字化应用平台，开发数字科普资源，构建数字服务网络，提升老年群体科学素质。基本目标是在浙江率先建成"老年人数字友好型社会"，形成适老、亲老、便老的智慧社会环境，构建数字化时代老年群体大科普格局。此项行动深受老年人欢迎，有效地提升了老年人的幸福感和获得感。

又如，基于数字化时代背景和青少年需求，围绕学校、家长、学生所需、所急、所盼，针对性解决"3点半后做什么"和"周末去哪里"两大问题，浙江科协启动"双千"（千家基地拓研学、千名专家进校园）助力"双减"科普专项行动，积极填补"双减"带来的时间空白，有效助力"双减"政策的落地，真正做到"中央有要求，百姓有需求，浙江见行动"。浙江省科协通过"数字资源聚合、平台搭建、社会协同、馆校合作"等方式，开放一批科普教育基地和高新技术企业展馆、组织一批科普志愿者、征集一批优质科教资源、搭建一批数字化服务平台,探索点单式菜单式服务,依托"双千"赋能,打造数字化应用平台双向服务,构建良好教育生态,营造热爱科学、崇尚创新的社会氛围。目前"双千"助力"双减"科普活动取得阶段性成果,得到广大师生的广泛好评,为促进青少年科学素质提升提供了一个数字科普的样板。

2. 丰富科学文化内容,提供多样化服务

随着社会的进步和公民科学素质的提高,公众对科学文化内容的要求也越来越高,主要提供一般性科学知识传播的传统科学文化传播已越来越难以满足公众的需求。浙江省利用互联网、大数据、云计算、5G等数字技术的条件,丰富科学文化传播内容,从以前主要传播一般性的科学知识,逐渐转变为注重根据国家和社会发展要求和受众需要提供多样化的服务。

如在"'双千'助力'双减'"专项行动中,浙江省科协根据青少年年龄和地域差异设计内容,搭建平台,有针对性地提供分年龄段的精准服务,并借助数字技术形成"你点我来"的点单式服务模式;专项行动还尝试中小学课程内容与实践相结合,各类实践平台、科普场馆、科普基地、高新技术企业等还给青少年提供了在真实的任务、复杂的情境中解决问题的机会,使青少年能够通过探究性的活动在动手动脑中学习,在实践中学习。这样不仅可以更深刻地理解理论知识,还能通过实践掌握科学方法;体验性知识的学习对青少年来说也非常重要,专项行动精心筛选出一批研学主题突出、科学特色鲜明、师资队伍齐整、科学课程完备、数字化条件好的科普场馆和科普教育基地,建成开放式科普场馆专项服务网,用于探索体验式知识服务。首批确定的120家基地覆盖应急保障、网络安全、植物矿物、机器技术、海洋生物等众多领域,成为中小学生丰富"第二课堂"的打卡地。

数字化科学文化传播不应当只服务于部分人群,而是要惠及广大人民群众。"银龄跨越数字鸿沟"专项行动就是专门针对老年人的"数字鸿沟"问题进行的活动。在该专项行动中,内容种类多样,形式五花八门。教学人员精心制定普遍适用、差异推进的教学体系,汇编全省"入门班""提高班""创新班"等不同阶段的教材,在教学中还推出老年人智能手机模拟操作平台;

中国移动公司为老年人推出了专门的"银龄版"手机营业厅,该手机营业厅具有自动大号字体显示功能,旨在让老年人更加轻松地使用手机,让他们"想用、能用、会用、敢用"。浙江省科协还提倡各地开发方言版本的特色教学资源,以便老年人能够在实际生活场景中进行练习,促进个性化教学的推进,使老年人能够更有效地学习使用智能手机,有效地弥合老年人的"数字鸿沟"。

3. 创新机制,实现多跨协同

在数字化改革中,浙江省各级政府发挥了核心作用。政府各部门分工明确,各司其职,协同作战,在实践中取得了很大的成功。

在科学文化传播方面,很多情况下工作往往落实到浙江省科协。在社会数字化转型的背景下,浙江省科协在科学文化工作中积极发挥主导作用,同时充分发扬科协组织善于大联合、大协作、大动员的工作特色,注重跨部门合作、跨领域协作、跨组织统筹,通过"多跨协同"实现组织集成,建成内外联通的枢纽型科学文化工作体系。

例如,在浙江省2021年3月开始的"银龄跨越数字鸿沟"专项行动中,由浙江省科协会同浙江省教育厅、浙江省文明办、浙江省委老干部局、浙江省卫生健康委、中国建设银行和中国移动公司等多个部门和单位,整合各方优势资源(如浙江省科协负责整体统筹协调,并承担数字化平台建设工作,依托中国移动公司和中国建设银行营业网点设立分布广泛的教学点,浙江省文明办为科技志愿服务提供指导,浙江省教育厅负责把关相关培训教材等),相继组建了涵盖金融、教育、卫生等系统的"万名讲师团",有效黏合各系统、各部门的资源,整体发力;打通条线阻隔、纵向到底,实现省、市、县、乡4级组织体系全覆盖,数据实时同步至治理端,数据精确到街道一级,成功构建跨部门、跨层级、跨区域、跨业务的协同体系。

又如,浙江省科协联合浙江省教育厅、浙江省科技厅于2021年9月印发《关于开展"双千"助力"双减"科普专项行动的通知》,向全浙江省11市各发出两轮动员,推动拥有学科专家的学会、优质资源开发的企业、提供志愿服务的高校积极参与服务"双减"各环节。浙江省科协还与多个省级群团组织展开广泛的协同合作，共同打造专门为服务"双减"（减贫、减少不平等）而设的平台。该平台开放接口，打破了群团组织之间的边界，将红十字会等单位纳入科普教育体系，整合了群团组织的资源，加强了跨部门的协同合作，为推进重大应用改革提供了支持。同时，科技教育也不断扩展延伸，助力于"双减"内容的推进。

再如，政府数字化转型是通过嵌入若干应用，对跨部门、多环节的事情进行融合，实现信息互通的。这既实现了同级政府部门之间的协同，也实现了上下级政府之间的联动。在"浙政钉"框架下，在指定时间内多部门联办"一件事"，借助线上操作达到"跑零次"。再加上实现了省、市、县、乡、村五级协同，在某种程度上提升了政府面向公众的便捷服务能力，使社会治理的能力越来越精细化、科学化；对基层所出现的问题也能尽快不折不扣地了解。除了现实的协同之外，还有虚拟的数据协同。在疫情期间，需要处理的政务上百万件，在一般情况下需要大量人力物力解决。但在"浙政钉"框架下，面对激增的线上办件量，有限的工作人员却能实现高效审批和处理，数据处理的协同也提升了治理效能。此外，"浙政钉"集成通信录、安全服务、标准规范、电子地图、电子签章、视联网等功能，使得在此范围之内的各种业务都能实现协同。

4. 拓宽路径，走向开放多元

数字化时代的浙江科学文化工作不仅需要科协系统的主导，以及政府相关部门"多跨协同"的组织集成，还需要发动全社会参与，形成开放多元的科学文化传播路径。浙江的科学文化工作在数字化转型过程中不断推进，借助数字化条件，破除各种壁垒，动员全社会力量共同参与，将科学文化融入人民群众的生活，触手可及。

在浙江各种科学文化活动中，不仅有科协的主导和政府相关部门的参与，高校、科研机构、科技场馆、企业也积极参与。动员社会力量积极参与科学文化工作，关键在于找到合作共赢的契合点。例如在"银龄跨越数字鸿沟"专项行动中,中国移动公司、中国建设银行等大型企业就以提供网点的形式深度参与,起到了非常重要的作用。中国移动公司和中国建设银行之所以愿意积极参与这项专项行动,一方面是作为国企承担社会责任的担当,而更关键的另一方面在于企业可以通过提供网点,有效地扩大用户群体。

浙江省在全国率先推进了"互联网+政务服务"工作,通过建设"四张清单一张网",形成了全省范围内的政务服务网络,成为全国首个一体化的在线政务服务平台。该平台通过将权力事项集中进驻、网上服务集中提供、数据资源集中共享,打造了扁平化、一体化的在线政府,实现了"网上晒权、网上行权、网上办事"的统一。目前,浙江省已经实现了所有公共信用系统的上线,包括企业、自然人、中介单位、事业单位和各级政府,其中,已有243万家企业、4241万自然人、5.4万中介和社会组织、3.4万事业单位以及100家市县政府机构加入了该平台。2019年,"浙里办"App注册用户数破3000万,日均活跃用户数达到60万,全省政务服务事项掌上可办率超过80%。"浙政钉"整合了81个部门的政务服务App,汇聚了325个高频的便民应用,其中包括医学、应急等科学文化传播知识平台,如"浙里科普""浙有善育"等,传播应急、医学等方面知识。拓宽这些知识传播的科学文化路径,通过互动问答等方式吸引了更多人参加,实现了信息共享。

政府对科学文化工作越来越重视,已经出台一些规章制度把科学文化工作列入考核有关科研机构的指标。如杭州市科技局2022年制定的《杭州市科研机构分级分类评价办法》中,将"社会宣传与科普工作情况"作为评价科研机构的一个指标,鼓励科研机构开展科学文化工作。一些科研机构和高科技企业建立了数字化的科普展馆,探索向全社会开放,取得了很好的社会效果。如北京航空航天大学杭州创新研究院的航空航天科普体验展厅就是一个做得很有特色的数字化科普开放展厅,吸引了许多中小学生前去打卡。

5. 改变普及方式,倡导参与互动

参与式科学文化是21世纪科学文化实践发展的潮流和方向,近年来,浙江的科学文化工作越来越强调受众的参与和互动。在数字化条件下,科学文化活动过程中的参与和互动环节越来越容易实现,也越来越得到推广和普及。

浙江省大部分近年新建的或更新过的科学文化实践平台、科普场馆和科研机构科普展厅等,都会设有观众参与的项目,给观众提供参与、互动的机会,提供体验式的科学文化传播服务。如北京航空航天大学杭州创新研究院的航空航天科普体验展厅为观众提供自己动手做风洞实验的机会,还包括了可以进入航空驾驶体验舱感受"遨游太空"。

很多专项行动,都会有受众参与和互动的环节,而且这些环节在活动中有重要作用。例如,在"'双千'助力'双减'"专项行动中,浙江省科协搭建互动平台,通过"你点我来"的点单式服务,多渠道、多形式地为全网青少年提供科技教育服务。又如,在"银龄跨越数字鸿沟"专项行动中,用户可以实时反馈自己对科学文化活动的评价和意见,全浙江省数据实时查看,工作人员及时进行处理和回应。

5.2.5　智惠社会——公共场馆科普化实践

进入新时代,党和国家高度重视充分利用公共场馆开展科学文化活动,提高公民科学素质。2021年国务院颁布实施的《全民科学素质行动规划纲要(2021—2035年)》明确规定:推进图书馆、文化馆、博物馆等公共设施开展科学文化活动,拓展科学文化服务功能。2022年中共中央办公厅、国务院办公厅《关于新时代进一步加强科学技术普及工和的意见》明确要求:充分利用公共文化体育设施开展科普宣传和科普活动。2022年科技部、中宣部、中国科协出台的《"十四五"国家科学技术普及发展规划》中明确规定:推动在博物馆、文化馆、图书馆、规划展览馆、文化活动中心等公共文化设施开展科学文化工作。公共场馆是浙江省科学文化建设的基础性设施,是"公众理解、体验科学"的重要场所,经过长期以来的积累和发展,浙江省科普基础设施建设取得长足发展,一直走在全国前列。

从浙江目前实际来看,大致可以分为4类:一是科技馆,这是开展科学文化活动的核心阵地和专门场所,在科学文化工作中发挥示范带动作用。浙江省共有科技馆16座,其中综合性12座,主题性4座。二是其他各类公共场馆,如公共图书馆、文化馆(站)、博物馆、美术馆、体育馆、健身中心等。据统计,目前,浙江省共有博物馆161家,图书馆103家,文化馆(站)1451家。三是"一堂两中心",即新时代文明实践中心、党群活动中心、农村文化礼堂。截至2021年底,浙江省共有农村文化礼堂(社区文化家园)20511家,其中农村文化礼堂19911家,500人以上行政村覆盖率超过97%,全省乡镇(街道)综合文化站实现全覆盖,村(社区)文化活动中心全覆盖。四是向公众开放的企业展示馆、体验馆、科普长廊等。浙江省民营经济发达,企业众多,部分企业建立了企业文化展示馆、产业体验馆及科普长廊,纷纷向公众开放,成为近年来科普研学的重要场所,各地还兴起一批研学实践基地和场馆。

面对新时代技术和产业变革的趋势,公共服务的使命和能力要求发生了变化,公共服务组织所进行的新连接作用于"社会服务"的一个显著效应就是对于传统公共组织圈层化的解构,进而形成"在地化""微粒化"社会。公共场馆是科学文化社会化的重要载体,由于浙江"小而精"的文化特征,浙江省在场馆发展上并没有一味求大求全,而是以点带面,因地制宜地推动科学文化场馆建设。

1. 场景化

新一轮科技革命下智能社会网络逐渐形成,公共服务用一种新的场景化公众空间方式重构着以往的各种传受关系。在公众空间中,个体效果被放大,大量个体节点连接交错,形成新的公众空间。新的公众空间中,公共服务注重场景化转化成为新的实践导向。

在浙江科学文化实践过程中,深度场景化的公众参与成为公共服务重点。在浙江湖州潞村的《典籍里的中国》陈列馆是我国首个关于中华典籍的互动体验场馆,在场馆的入门处将《尚书》《诗经》《山海经》《孙子兵法》等古代典籍通过现代数字技术呈现在大屏上,展示完毕后大屏幕变成了两扇门展开,公众走进去后发现自己恍如在《典籍里的中国》节目现场,依托"一厅一阁一廊"的功能布局,通过数字影像、沉浸科技、互动体验等多形式、多角度、多元化的科学文化展示手段,打造独特的沉浸式科学文化体验空间,讲述了一个个"时空旅行,穿越古今"的故事。这样场景化的空间,让公众实时代入角色,更能"身临其境"地领悟到典籍中蕴含的优秀文化精神。其实,场景化是社会公共服务生态化的重要表征,公共场馆通过一个个场景的构造,将人和物连接在一个个网络中,塑造一个个场景化的拟态环境,实现人与物和谐共生。

2. 共生化

共生化是公共服务长期发展中必然的过程。随着技术不断变化,人与社会的关系发生了新的变化,呈现新的公共意识,而生态化使人们凝聚公共意识、涵养公共理性、遵从公共规则,将人们行为方式中碎片化的公共意识以理性的力量整合起来,把"和谐共生""三生融合"等生态化特征融入公共服务,使生活在人与社会共有空间中的不同利益群体,能自觉将规则意识、底线意识、秩序意识等内化为思维自觉和生活态度,形成共生互补的生态化特征。

在浙江科学文化实践过程中,传统意义上的公共服务从场馆、基地等本身文化建设入手,利用现代信息技术提供公共服务,这种信息化公共服务,对于城市的高质量发展不可或缺,但如果仅仅停留于此,难以发挥公共服务应有的水平。因此,浙江将生态化融入公共服务中,实现高质量智慧城市的发展,拓展公共服务的文化和社会功能,促进人们形成与自然和谐共生的价值观。浙江长兴县尹家边扬子鳄保护区以保护生态知识为主旨,传播生态文明等知识,将生态化贯穿于公共服务全过程中。保护区举办"亲近古生物,亲近大自然"走进扬子鳄保护区实践活动,如开展了"寻找沉睡的鳄鱼"活动。首先科普志愿者带领观众免费参观保护区,探寻冬眠扬子鳄生存空间,认识了解扬子鳄;然后观看人鳄表演;接着在保护区"科普放映厅"科普讲堂进行防疫安全知识科普,播放扬子鳄科普大讲堂、知识问答等视频;最后让观众参与标本模型制作,同时了解鳄鱼的生活习性和生物学特征,提升生态意识。保护区还利用节庆纪念日加大科技文化教育,每年开展湿地日、国际生物多样性日、环境保护日和全国科普日等节庆活动,邀请学生参加。通过参观科普长廊,举办"行走的课题——中国扬子鳄村"活动、扬子鳄科普文化节等方式,让学生对生物多样性、湿地作用、野生动物保护有了更深的认识理解,通过科普知识竞答、参与体验和科普征文比赛等方式,传播保护生物多样性、保护野生动物的重要意义,增强学生保护生物多样性的自觉性,提升公众生态文明素养。公众通过保护区的公共服务,了解到生态环境与人类经济社会文化环境并非彼此独立,而是交互影响的关系。将生态、生产、生活看作一个有机整体,将"三生融合"内化到自己的行动中,培养公众形成正确的生态文化理念。

3. 人本化

公共服务作为人和公共场域的耦合体,是马克思人化自然思想的时代展现和人文精神的时代表征映现。人本化指向为公共服务以人为本的特征,强化人本化特征不只是作为公共服务的特殊诉求,更是服务于统筹社会生态话语和人类生存话语的钥匙。

在浙江科学文化实践过程中,浙江宁波科学探索中心发挥科技馆的教育功能,开发并整合优质科学家精神教育资源,发挥"院士之乡"资源优势,围绕科学家精神主题,以人为本,强化公共服务的人本性特征,自己研发打造"牛顿先生的邀请函""奥斯特环形游戏"等特色沉浸式体验活动、《东方魔稻之谜》《执着的屠呦呦》两部沉浸式科普剧和"顾方舟的一生""屠呦呦与青蒿素""童第周的故事"特色科学家精神主题课程。宁波科学探索中心致力于科学家精神科普教育产品研发创新,传播科学家故事、弘扬科学家精神的活动,通过影像、珍贵实物、多媒体展项等多角度、多维度地展示科技工作者接力奋斗、薪火相传的精神力量,公众在理解科学方法和科学家精神的基础上,进一步将科学方法提升到方法论的高度,启发公众思考为什么这样的方法是有效的和可靠的,并进一步领会科学方法论中蕴含的求真精神,营造良好的科技文化氛围,促进全民科学文化素质提升。这种通过"人本化"取代"形象距离化、信息分散化、应用机械化"的公共服务方式,使信息、服务和价值在公众与社会之间顺畅流动与共享,实现"和谐共生""以人为本"的生态文化话语权强化。

5.3 地方行政区科学文化生态发展的路径刻画

5.3.1 基层多元主体协同共建

基层科学文化建设是一项综合的系统性工程,涉及社会的方方面面,需要政府、相关部门和社会各界的共同配合、凝聚合力。科学文化建设主体,主要由政府部门、科学共同体、产业界以及社会公众等构成,他们有着各自的定位与角色,既有分工又相互协作,优势互补,相辅相成。

浙江科学文化省的建设离不开政府的宏观指导与管理。为实现科学文化省建设的目标,政府部门需要进一步发挥主导与推动作用。

一是加强科学文化省建设的顶层设计。顶层设计具有方向性、战略性和全局性等特点,关乎科学文化省建设和发展的目标、水平和路径,要进一步明确建设定位,制定详细的规划、计划,加大组织、人才和资金的支持力度。

二是制定战略举措,将规划付诸实施,包括科学文化法规体系的完善、科学文化环境氛围的营造以及科学文化体制机制的健全等。

三是主导和推动科学文化省测度体系和测度方法的构建,定期跟踪、监督科学文化省建设进程和建设举措落实情况。

科学共同体在科学文化省建设中的作用突出表现在,它能够按照科学技术自身的要求,维护科学技术的相对独立性。通过科学技术交流和评价、科技政策咨询与监督、科学文化传播和普及等举措,推动科学文化的持续健康发展。在科学共同体内部,确立了"求真知"的共同价值观,并将尊重学术自主和学术自由、倡导相互宽容、相互尊重、诚实守信、理性质疑等行为准则视为重要原则。科学的评价体系指导着科学研究,民主的学术批评和监督机制提供了支撑,从而促进了优良的学术风气和学术氛围的形成。同时,科学文化也引导科技工作者充分发挥专业特长,正确履行社会责任,发挥其在社会中的功能。

科学文化建设同样也需要产业界的大力支持与协同。浙江是民营企业的聚集地,对市场需求更加敏锐,也更加灵活,因此,企业是探索科学文化建设市场化机制的重要依托。

持续提高公众科学文化素养,是科学文化建设的重要目标之一。公众参与是推动科学文化进入理性运行轨道的必要手段,也是科学文化公共事业化和民主政治发展的必然结果。因此,公众对科学知识和信息的获取不仅仅依赖于科学家团体的传授,更重要的是公众作为社会力量关注科学技术对社会的影响,在参与科学技术决策过程中了解科学技术的影响和实际作用,以及科学技术的力量,从而对科技决策产生影响。充分认识社会公众参与科学文化建设的重要性,才能努力从参与制度、参与模式、参与渠道及参与形式等不同层面制定科学、可行的对策和措施,把公众参与落到实处。

5.3.2 社群生态平台共享建构

科学文化建设要采用公益性和市场化相结合的运行机制,既要发挥政府"看得见的手"的作用,加强顶层设计和规划,制定规则,营造环境,同时也要发挥市场"看不见的手"的作用,优化资源配置,提高科学文化建设的效率和效果。在促进科学文化事业与科学文化产业的结合时,需要根据产品的公共产品属性和盈利目标的不同特征,选择不同的供给策略,使公益性事业和经营性产业二者相互促进、共同发展。

科学文化在基础研究投入、科学文化基础设施建设等方面,要有效弥补市场失灵,坚持"公益性、基本性、均等性、便利性"的公共服务属性,保障公众的基本文化权益。

(1) 需要加强以公益性科学文化单位为核心的服务主体建设。政府鼓励将投资、资助或拥有版权的文化产品无偿用于公共文化服务,例如博物馆、图书馆、科技馆、青少年宫等公共科学文化服务设施,它们是公益性文化事业的重要承载者。这些设施需要加强建设并完善,以实现向社会免费开放的服务。同时,还应鼓励其他国有科学文化单位、教育机构等开展公益性科学文化活动,以充分发挥其作为公益性科学文化事业的有机组成部分的重要作用。

(2) 需要提升社群生态平台在科学文化产品和服务供给方面的能力。这包括扩大公共科学文化设施的覆盖范围,加强社区公共科学文化设施的建设,以便更好地向城乡基层延伸公共科学文化服务。同时,应加强对公共科学文化设施的使用和管理,注重项目建设和运行管理的平衡,统筹规划和建设基层公共文化服务设施,完善相关配套措施,确保其正常运行。努力创建一批结构合理、发展平衡、网络健全、运行有效、惠及全民的公共科学文化服务示范区。县级以上人民政府应当加大对公益性科普设施建设的公共投入,对现有科普设施加强改造升级,推动城镇物业转型和闲置公共设施改造形成特色基层科普场馆(所)。

(3) 加强数字化建设,全面拓展科学文化传播渠道。科学文化建设中鼓励和支持运用数字技术创作科普作品,建设数字化科普平台,及时广泛传播科学技术知识。加强科普数据归集、共享和分析研判,促进科学文化与智慧教育、智慧城市、智慧社区等融合,加快数字化转型,最大限度扩大科学文化的覆盖面和影响力。

5.3.3 创新组织的分级分类精准治理机制

数字化时代，随着科学文化理念从"传播者本位"转换到"接受本位"，思路从"大水漫灌"转换到"精准滴灌"，基层科学文化传播的方式和方法也必然有相应的调整和改变，必须建立分级分类精准治理机制。

传统的科学文化传播预设了"科学在上、公众在下"的前提，与之相对应的是从传播者（科学文化工作者或专家）到接受者（公众）的单向传播。在数字化的网络社会中，公众科学素养相比以前已经有了较大的提高，因为公众很容易通过网络获取一般性科学知识，而且公众的自我意识和参与社会活动的意愿也大大增强。在这种情况下，单向的知识性宣讲虽然仍是必要的，但对很多公众而言，已没有太大的吸引力。科学文化工作要跟上时代发展的步伐，就应该大力发展参与式、互动式和体验式的科学文化传播，并借助社会数字化转型的有利条件创造性地提出参与、互动的各种实现方法。创新组织的科学文化传播应该根据受众的特点追求差异化、精细化，推动新时代科学文化从知识补缺型向素质提升型转变。

第 6 章
中国高新技术企业科学文化生态建设实践

6.1 中国高新技术企业科学文化生态概述

高新技术企业是指在新领域中通过科学技术或科学发明的发展，或者在原有领域中进行革新的运作。根据科技部、财政部、国家税务总局修订印发的《高新技术企业认定管理办法》（国科发火〔2016〕32号），高新技术企业的概念可在国家重点支持的高新技术领域范围内进行界定。在我国，高新技术企业是指那些持续进行研究开发和技术成果转化，形成企业核心自主知识产权，并以此为基础开展经营活动，在中国境内（不包括港、澳、台地区）注册的居民企业。其具备核心自主知识产权，是知识密集、技术密集的经济实体。高新技术企业涵盖了八大技术领域，包括电子信息技术、生物与新医药技术、航空航天技术、新材料技术、高技术服务业、新能源及节能技术、资源与环境技术以及先进制造与自动化。

21世纪，各国都将提升公民的科学素质作为提升国家综合实力的重要目标，同时也重视科学文化的发展。在这一过程中，高新技术企业作为营利性经济组织，积极参与科学文化活动，成为推动科学文化事业发展的新动力。企业通过打造自身科学文化传播品牌，对当代科学文化的建设起到了积极的促进和提升作用，为科学知识的传播和公众科技素养的提升作出了贡献。企业科学文化较多依托企业经营内容展开,公众在企业科学文化传播的过程中也会接受到企业产品和文化的宣传(Worster,1994)。企业开展此项工作的一个特色角度是市场化机制与科学文化相互作用,为中国特色科学文化注入新的含义,最终对中国特色科学文化的弘扬发挥不可忽视的推动作用。

6.1.1 制度化

科学文化生态必须首先从组织结构上得到有效保障。设立专门的部门或机构,不仅能够保证企业科学文化传播的连贯和有效,也有助于企业开展针对性显著、靶向性突出的专项科学文化活动。科学文化实践是企业产品的自然诉求和消费者的天然需要,其效果直接影响到企业的经济效益,应当引起企业的高度重视。如果不能从组织结构上保证科学文化事业的顺利开展,必然影响企业科学文化活动的效果,极易引起市场的强烈反弹,造成难以挽回的损失。目前,多数高新技术企业设立了科学文化部门或产品机构,对于这些企业而言,科学文化活动不再被一视同仁、等量齐观,而是作为分门别类、种类细化的专门事业,这有助于企业开展目标明确的科学文化活动;新材料技术企业比其他行业的企业建设了更多的涉及科学文化实践的部门或机构,推测这可能在很大程度上受到其产品性质的影响。

在良好的科学文化生态环境下,高新技术企业之间能够互相影响、互相促进,形成正面的科学文化生态,从而提升整个城市的科技创新实力。反之,若整个城市的科学文化生态环境不够好,则容易挫伤企业的科学文化积极性,对科学文化生态造成负面影响。

6.1.2 氛围化

教育活动在企业科学文化实践过程中占据重要地位,尤其是以产业为基础的研学旅游活动,不仅可以以一种沉浸式体验的方式所高新技术的相关知识展示给青少年,还可以帮助企业普及自身科学文化,提升企业形象。

科学文化实践过程中,各类比赛以一种寓教于乐的方式让内部员工或者社会人员在竞技的同时,丰富相关科学知识,营造科学文化氛围。部分企业由于对技术操作和专业技能要求高,操作比赛和技能大赛的举办频率较高,而科技含量较高的企业,目前对此投入不够。

6.1.3 桥梁化

整体来看,高新技术企业与地方科协交流存在很大的提升空间。不同行业和企业类别应在结合自身特点的基础上,将先进产品与科技科普以及政策指导相结合,发挥各方优势。

科普基地的建设将高新技术企业与高校、研究机构联结起来,发挥科普资源的集合作用,为推进科学文化工作的社会化、群众化、经常化搭建了平台。从目前调查的高新技术企业情况来看,基地的建设仍有较大的提升空间。以安徽省祁门县祁红茶业有限公司为例,该企业建立的祁红博物馆是安徽省教育实践基地、传习基地、研学旅游示范基地和科普基地,发挥了科学文化的传播作用,将文化内涵与科学知识融合并以一种通俗易懂的方式呈现,有助于培养受众对于科学探索的兴趣。

目前,在科技文化生态圈中,高新技术企业处于明显的弱势与被动状态,缺乏实施科技文化传播工作的内在动因、激励机制和制度约束,履行新时代职责的意愿和行动明显不足。而在当前时代的大背景下,高新技术企业作为推动科技创新和创新驱动发展非常重要的力量,激发它们从事创新成果扩散和科技文化传播工作的积极性和活力显得至关重要。

高新技术企业作为市场经营主体,是持续进行研究开发与技术成果转化,并拥有核心自主知识产权的企业,除将宣传与科普等同的"科学文化观"之外,部分企业对科学文化的认识模糊不清,不少企业仍保留着"企业科学文化难以开展,科学文化是在科技馆等场所进行的公益性活动"这一传统观念。同时,也有部分企业已经进行了科学文化实践产业化的尝试,例如宁波永新光学股份有限公司在调研现场展示了其公司设计制造的儿童科普显微镜和STEAM实验套装,初步将公益性科普事业向营利性方向转化进行了试验。综合调研结果来看,不同企业对于科普工作的认知存在巨大差异,基于基本认知开展的科学文化实践也随之分化严重。

企业对科学文化工作在认知、经费、科普团队等多方面存在欠缺,导致了企业的科学文化实践产出不显著的问题,以日常科技成果科普接待服务为例,超七成的企业年接待量在100人次以下,八成以上企业年接待量在300人次以下。绝大多数的企业虽建立了自己的传媒平台,但微信、微博账号推送有关科学文化内容的信息呈现出少量、碎片化的特点,并且缺乏专业运营人员,线上科学文化工作缺乏明确规划与体系化设计。企业对于科普日、科技活动周、科普进社区等专项活动的参与度有待提高,部分企业的参与仅仅是出席开幕仪式,这意味着作为国家科普能力建设重要一环的企业主体,无论是线上还是线下都未充分以发挥企业的科学文化效用。

当前,企业科学文化工作大都各自为政,企业科学文化的社会网络还未见形成,这也是企业科学文化工作碎片化的重要体现。实地调研很少发现有企业与其他企业进行联动,共同举办科学文化活动或赛事,哪怕是同一行业领域内的企业也相互隔绝,很大程度上提高了其社会成本。企业中点到点的科学文化工作,难以在长期实践中连点成面,无法在企业外部形成联动与合力。

6.2 高新技术企业科学文化模式探索与成效

6.2.1 科技创新转化实践案例：合肥量子信息未来产业科技园

近年来，量子科技的迅猛发展对传统技术体系产生了冲击和颠覆性的影响，推动了量子科技向更高水平的发展。这对于保障国家安全和促进高质量发展具有极其重要的作用。2016年习近平总书记在安徽调研时，在中国科学技术大学视察了"墨子号"量子科学实验卫星和量子保密通信京沪干线总控中心，认为该项工作"很有前途、非常重要"，并"希望大家再接再厉、更上层楼"。2020年，习近平总书记在中央政治局第二十四次集体学习时强调："量子科技发展具有重大科学意义和战略价值，是一项对传统技术体系产生冲击、进行重构的重大颠覆性技术创新，将引领新一轮科技革命和产业变革方向。"世界各国也在加大对量子信息技术领域的支持力度。2020年6月，美国国家科学委员会（National Science Board，简称"NSB"）发布《2030年愿景报告》，强调在人工智能、量子信息等攸关美国竞争力的关键领域，广泛投资基础研究，确保近期与长期资助，加快从发现到创新的转化。2022年9月，《2022量子科技产业报告》显示，合肥量子领域企业数、专利量均居全国城市第一。2023年2月，全球科技咨询机构ICV（International Cutting-edge-tech Vision）发布的《全球未来产业发展指数报告》显示，在量子信息领域中，合肥在排名前五的城市（群）位于世界第二、中国第一。合肥市将启动建设量子精密测量等大型科学装置，并建成未来网络合肥分中心，这一举措旨在满足国家战略科技需求和开展基础前沿交叉领域研究，进一步推动长三角地区产业共性关键技术研究的飞跃。2023年6月，上海、江苏、浙江和安徽在合肥签署了《长三角重大科技基础设施联动发展合作备忘录》,旨在提升上海张江和安徽合肥作为综合性国家科学中心的合作共建水平,构建区域创新共同体。这一举措将进一步促进大科学基础设施集群的开放共享,加强科技创新的一体化协同发展,引领长三角地区深入探索构建新的发展格局。

2021年8月31日,本源量子计算科技(合肥)股份有限公司(以下简称"本源量子")与合肥蓝科投资有限公司达成合作协议,共同合作在合肥建设国内首个量子计算产业园。该产业园一期项目将包括封装车间、测试加工实验室和软件研发中心等量子计算研发大楼,未来的二期和三期计划包括建设"量子计算超导量子芯片+半导体量子芯片"的中试生产线、量子芯片研发与制造中心、量子计算科普教育与工程实践中心、量子计算产业研究院和应用研发基地等设施。同时,产业园还将引入量子计算产业链上下游企业,形成完整的量子计算生态产业链。预计该产业园将引进60家量子计算上下游企业,带动约2000个就业岗位,推动安徽省量子计算产业集聚,增强产业链供应链的稳定性,对于打造安徽省量子产业生态圈具有重要意义。

在量子信息领域企业排名中,我国共有3家企业入围前20强,均为合肥企业。在量子计算方面,本源量子处于行业领军水平。据IPRdaily与incoPat创新指数研究中心2022年11月发布的2022年全球量子计算技术发明专利排行榜(TOP100)显示,本源量子以234件量子计算发明专利数、133件发明专利被引证数,在专利数量和被引证数量上均居全国第一,且进入全球前十。在量子测量方面,国仪量子(合肥)技术有限公司(以下简称"国仪量子")是该细分领域的领军企业。国仪量子以量子精密测量为核心技术,为全球范围内企业、政府、研究机构提供以增强型量子传感器为代表的核心关键器件等产品和服务。2016年11月,安徽省整合量子协同创新中心和量子卓越创新中心,有效利用优势资源,依托中国科学技术大学共同建设中国科学院量子信息与量子科技创新研究院,即为合肥量子信息国家实验室的前身。通过连续建设,2017年,合肥设立了国家级实验室——合肥量子信息科学国家实验室,这是国内首个以"量子"为名的国家实验室,也是目前全球正在建设中的最大量子信息实验室。以合肥量子信息科学国家实验室为基础，上海建立了量子信息国家重点实验室的分部，促进了两地的协同创新，使我国在量子领域的研究保持了国际领先优势。量子信息国家实验室在合肥积极聚焦国家战略目标和重大基础研究需求，开展关键技术攻关，形成一批重大原创研究成果。

6.2.1.1　人才助力科技创新

借助中国科学技术大学和中国科学院量子信息与量子科技创新研究院等科学教育资源，推动尖端成果在本地孵化，促进新兴产业链的发展。合肥高新区的量子中心汇集了科大国盾量子技术股份有限公司（以下简称"科大国盾"）、本源量子、国仪量子、国科量子通信网络有限公司、北京中创为量子通信技术有限公司合肥分公司等主要从事量子技术的 5 家企业，以及 20 多家与量子相关的企业。"我们团队 70% 的技术人员都是'90 后'的博士，人才政策和创新氛围是吸引年轻人创业的磁石。"本源量子副总裁赵勇杰说。据了解，合肥高新区有 600 名直接从事量子领域科研的人员，近 3 年在国际一流期刊上发表的论文达到 151 篇，位居全球首位，量子信息产业相关专利申请数量占全国的 12.1%，在全国排名第二。为了支持量子科研和产业发展，安徽省投资集团控股有限公司设立了 100 亿元的安徽量子基金，用于投资量子通信、量子计算、量子测量等量子科学领域的上下游企业。科创板试点政策出台后，合肥高新区立即与上海证券交易所对接，提供有针对性的培育服务，帮助潜力企业脱颖而出。2019 年 3 月 27 日，上海证券交易所受理了第二批共 8 家企业的科创板上市申请，其中科大国盾成为安徽省首家成功闯关科创板的企业。

"我们将依托中国科学技术大学、中国科学院量子信息与量子科技创新研究院、量子产业公司，汇集量子科技基础研究、科技开发、工程应用等高端科研人员 2000 余人。"合肥高新区管理委员会副主任吕波表示，量子信息未来产业科技园将发挥行业领军企业引领作用，积极探索与科技领军企业联合成立聚焦量子细分赛道特色基金,推动垂直领域量子科技应用研究与探索。

6.2.1.2 平台培育产业路径

"作为合肥综合性国家科学中心核心区,合肥高新区集聚了一批高能级科研平台,为未来技术研究和未来产业培育提供了得天独厚的基础科学研究、应用基础研究和交叉科学研究的创新供给。"中国计算机学会量子计算专业组执行委员贺瑞君表示,合肥高新区围绕量子产业发展路径,打通了"科学—技术—创新—产业"未来产业培育路径,建成了全国闻名的"量子大道"。按照规划,量子信息未来产业科技园聚焦量子信息方向,全面接纳中国科学技术大学的前沿科技成果,并通过打通"基础研究—技术开发—成果转化与孵化—未来产业"的创新路径,实现这些成果的转化和落地,形成紧密联动、高度协同的合作机制。

根据建设规划,量子信息未来产业科技园将以中国科学技术大学和合肥高新区为主要建设主体,借助合肥大学科技园,并与科大讯飞、科大国盾、本源量子、国仪量子等科技领军企业合作,专注于发展量子信息产业。通过整合各方优势资源,全力打造有利于量子信息未来产业培育和发展的园区。

"合肥高新区作为量子信息未来产业科技园重要承载主体,将积极探索未来产业发展新机制、新路径、新模式,持续构建未来产业培育发展生态。量子信息未来产业科技园将开辟关键技术攻关专项,每年单列5000万元资金,以'赛马制'加大关键技术攻关力度;开展源头技术'淘金计划',全面承接中国科学技术大学赋权试点项目。依托中国科学技术大学,在政府支持下,合肥高新区探索形成了量子产业从'0'到'1'的发展经验,在多方合力下,我们创建未来产业科技园具备得天独厚的基础优势。"合肥高新区管理委员会副主任吕波表示,合肥高新区在全国高新区中率先发布了未来产业发展规划,让基础研究"直达"未来产业,构建以量子科技为核心的未来产业培育体系。

截至目前,合肥量子产业发展路径,已形成以中国科学技术大学为代表的原创空间,以中国科学技术大学先进技术研究院、合肥国家大学科技园为代表的孵化加速空间,以量子大道为核心的产业集聚空间。

6.2.2 企业文化实践案例:华为

企业文化是企业中一整套共享的观念、价值观、信念和行为准则的总和,目的是帮助企业内部形成一种共同的行为模式,引导所有人为共同的目标而奋斗。企业文化通常具有一定的弹性,与绩效考核不同,它不需要完全标准化或明确化,而且企业文化往往没有明确的边界。然而,作为一种无形资产,企业文化的影响力非常重要,在企业现代化建设中越来越被认为是至关重要的。

在中国,虽然企业文化存在的时间比较短,但是打造优秀的企业文化,已经成了优秀公司和优秀企业家的一种共识。比如阿里巴巴式经营文化。随着信息时代的到来,特别是互联网时代和未来的人工智能时代,企业文化的作用更加突出,主要在于确保每位员工能够成为自己的主人,实现高品质、高层次的自我管理。

对华为技术有限公司(以下简称"华为")的发展历程进行分析,就会发现华为的发展可以划分为 4 个阶段:第一个阶段是 1987—1997 年,这一阶段的华为主要看重生存,"活下去"成了一个重要的口号。第二个阶段为 1998—2007 年,这一阶段的华为遭遇了发展的危机,管理混乱,IT 泡沫爆发,与思科系统(中国)网络技术有限公司展开了诉讼大战。1998 年是一个重要的节点,在这一年华为顺利推出了《华为管理大纲》,这成了华为企业文化的雏形。第三个阶段是 2008—2018 年,这一阶段的华为依靠强大的实力成了全球通信设备领域的"霸主",华为企业文化开始发挥重要作用,并成了华为发展的重要助力。第四个阶段从 2019 年开始,这一阶段的华为再次遭遇了严峻的挑战,但华为进入 5G 商用元年,此时的华为已经变得越来越强大。

华为在技术、资金、管理、人才配置等各个方面都表现得十分出色,而真正决定华为能够全方位保持强势的一个重要原因或许就是华为内部存在的动力引擎——企业文化。

6.2.2.1 任正非——企业文化领航者

如果说华为的发展建立在企业文化的基础上,那么任正非就是整个企业文化的基石,也是华为企业文化的领头羊。

任正非最大的影响力在于给华为公司注入了一种独特的文化,使得华为可以区别于其他企业。在华为的心声社区中,有一个跟帖内容或许反映了所有华为人一直以来的想法:"光是物质激励,就是'雇佣军'。但是,如果没有使命感、责任感,没有这种精神驱使,这样的能力是短暂的。只有正规军有使命感和责任感驱使士兵长期作战。"华为希望成为一支"正规军",成为全球最具竞争力和战斗力的团队,而实现这一目标离不开企业文化的塑造。华为的企业文化赋予员工一种无形的力量,从某些方面来看,华为员工具备顶级的奋斗意识和战斗欲望。

如果对华为的运作方式和管理方式进行分析,就会发现任正非通常都不会参与和干预太多的工作。他不用直接告诉员工应该怎样去做,不用时时刻刻监督员工是否按照规定完成任务,在企业文化的作用下,一切都会自发出现、自发完成。

在谈到内部的职能分配和权力分配时,很多人都说华为是任正非的华为,尽管任正非一直都在反驳这一点,而且也在积极淡化自己在整个华为中的形象和作用,但是恐怕华为员工都知道华为与任正非是密不可分的,就像苹果公司和乔布斯的关系一样。任正非就是整个华为的代表,也是华为的文化符号。显而易见,任正非引领了华为的企业文化,或者说任正非就是华为企业文化中最深的一个烙印。

任正非身上具备了谦虚和低调的品质,但是他同样会表现出自信乐观的一面,而且他坚忍不拔的品格几乎影响了所有的华为员工。任正非所坚持的就是打造这样一种企业文化,让所有人都能享受工作带来的乐趣,也都能感受到自己值得为企业付出。任正非是这样想的,也是这样做的。作为奋斗文化的发起者和领航者,任正非一直都身先士卒,不仅督促公司建立了一个健全的文化体系,而且还非常自律地为华为员工树立了一个好的榜样,出色地扮演了一个企业文化领航者的角色。

6.2.2.2 制度保障——从《华为管理大纲》开始

从20世纪90年代中期开始,华为进入了一段高速发展期。这一阶段的华为发展迅速,营收、市场规模都以惊人的速度在增长和扩大,但是这种高速扩张的状态带来了一系列的问题,尤其是管理上的混乱和失调更是阻碍了华为的进一步发展。

华为高层在进行自我分析后,得出了如下结论:华为缺乏内部文化传递机制、持续的理念基础、对战略和核心竞争力的思考、文化的引导和约束、更高层次的精神追求、良好的文化传承和创新机制,同时也缺乏统一的文化基因。确定好方向之后,华为立即组织一个项目小组制定了《华为管理大纲》,而这个管理大纲就是华为企业文化的雏形。华为员工从1995年开始谋划制定《华为管理大纲》,数易其稿,直到1998年3月才正式审核通过。

《华为管理大纲》包含了价值观念、基本目标、公司成长、价值分配、经营重心、研究与开发、市场营销、生产方式、基本原则、组织结构、高层管理组织、管理准则、义务和权利、控制方针、保证体系、预算控制、成本控制、业务流程、项目管理、审计制度、事业部控制、危机管理、修订法等内容,可以说几乎涵盖了华为管理的各个方面。从某种意义上来说,《华为管理大纲》就是华为企业文化的基础,在《华为管理大纲》制定之后,华为在管理、营销上都获得了巨大的进步。《华为管理大纲》的出现改变了华为重技术而忽视企业管理的局面,在整个行业内也起到了一个"改革引领者"的作用。《华为管理大纲》可以称得上是中国第一部总结企业战略、价值观和经营管理原则的重要的企业规范，不仅仅是对华为，对于整个中国民营企业，乃至所有的中国企业都有重要的意义。

华为以此为基础，不断丰富和增进自己的企业文化，并最终形成了具有华为特色的文化体系。

6.2.3.3 华为特色企业文化

1. 自省文化

柯达因为拒绝变化而衰弱，惠普因为盲目变动而陷入衰退，这两家企业或者说类似的企业之所以会从巨头企业沦为陷入泥沼的"困难户"，主要原因就在于缺乏自我纠错的机制，或者说它们本身就丧失了自我批判的能力，以致无法对自己所面临的处境和自己所执行的一些错误行动及时进行止损。

不仅仅是任正非，华为任何一个员工都可以对企业内部一些不好的现象提出批评，可以对同事、上级或者下属的不当行为进行批判。例如，在华为的内部交流平台中，即使是普通员工，也可以在该平台上留言，表达个人观点和看法，同时对不良行为进行批评。有些员工不仅会批评同事，还会对上级进行批判，甚至直接对公司高层提出质疑。而公司规定任何人都不准对批评者进行打击报复，任何人都不得以任何理由剥夺他人在社区上进行留言的权利。

余承东上任后集中力量进军中高端手机市场，并且很快推出了智能手机 P1 及 D1，但是这两款手机都没能取得预期的效果。消费者经常吐槽手机功能，认为华为的智能手机从外观上看就非常丑，而且一些细节做得比较差，质量也不好，技术处理不当，导致手机卡顿、死机的情况时有发生，这让华为手机恶评如潮。任正非在了解情况之后，生气地将华为消费者业务 CEO 余承东叫到办公室，逐条列出手机的缺点，最后直接将手机摔在余承东脸上。余承东一下子就被砸醒了，他意识到做手机需要拿出更多的耐性，需要注重细节方面的修饰和完善，所以他很快辞退了内部的研发人员，重新从外界招收专业人才,针对每一个技术问题,余承东一一做出了调整。比如,华为的手机供应链经常出问题,供应商提供的材料质量并不好,他就从其他公司挖来了主管供应链的蓝通明;华为手机外观设计不好看,于是他又请来了主管设计的金峻绪(Joonsuh Kim);考虑到华为内部没有人精通中高端手机的研发,他直接从三星公司重金挖来了杨拓。在这之后,他又先后邀请了管理质量方面的专家,最终打造出了符合市场需求的好产品,并且华为每一年都在想办法改进自己的手机工艺和技术,努力让华为手机变成世界上最好用的手机。

华为经常会举办一些"反幼稚"的活动,那些在研发工作中犯错的员工往往会主动登台领奖,奖品就是自己制造失败的产品。

在华为的整体纠错体系中,不仅仅是批判,所有华为员工都需要时刻反省自己的工作,并对自己的工作进行深入了解,在这一方面,任正非特别强调对工作流程进行反思和总结。"任何一个合同、任何一个交付,一定要复盘。只有复盘我们才知道这件事哪些做错了,哪些做对了。"按照要求,任何一个华为员工都需要想办法对自己的工作进行复盘,按照工作流程和环节进行回忆和推演,找出其中不足的地方,尤其是在一些重要环节方面,就更要进行复盘。

2. 独立文化

2018年底至2019年初,以美国为首的西方国家对华为进行了封锁措施,下达了禁令,要求芯片制造商和软件制造商停止向华为供货。此举就是希望能够扼杀华为在5G领域的成长势头,甚至逼迫华为像之前的中兴公司(中兴公司此前被美国断供产品)一样就范。

华为采取了强烈的反击措施。在最容易受到影响的操作系统上,华为的表现震惊了世界:当美国断供操作系统时,华为直接注册了鸿蒙系统,提交了专利申请。

任正非在接受加拿大《环球邮报》采访时,一改往日低调的作风,直接强调华为的芯片(5G方面的)比美国的要先进,"外界最关注芯片,我最关注的不是芯片,因为我们自己的芯片(5G方面的)其实比美国的先进"。"美国打击我们的5G,只是我们网络连接产业的一部分,我们不只是5G领先世界,光传输、光交换、接入网和核心网也是远远领先世界的。这个产业依靠我们自己的芯片和软件,完全可以独立存在,不受美国影响。"他还继续向美国喊话:"未来5年,我们将会投资超过1000亿美元的研发经费,使我们整个网络重构。"

面对备受打压的局势,任正非提出了华为未来的发展策略,那就是争取从以前的"防守计划"转变为"攻守兼备"。其中以攻为主,防守为辅,打赢构建万物互联网的智能世界这一仗。在面对如此大的打击时,任正非和华为还能保持如此乐观自信的态度,毫无疑问体现出一个优秀企业家的素养和一个优秀企业的底蕴。这也是华为及全体华为员工在过去30多年来表现出来的优秀品质,正是这种独立精神使得华为可以在各种大大小小的危机中始终保持泰然自若。

3. 分享文化

华为在创立初期一直面临着资金短缺和人才短缺的困境,为了解决这些问题,任正非在华为内部推行了一种非常特殊的分配制度,这就是虚拟受限股。作为华为独创的一种股权制度,这些股票只在华为内部发行,和其他公司上市发行的股票明显不同。华为的虚拟受限股具有一些明显的特点,比如虚拟受限股能够为员工带来分红,但员工不享有所有权和决策权;受限股只能在华为员工之间流通,在员工离开时由工会回购股票。

截至2019年,整个华为公司大约9万名员工的持股比例占到了股票总数的98%,而任正非本人只有1.14%,其余高管的股份也很少。

分享是华为企业文化中很重要的一部分,而分享的最终目的是促成更加高效的合作。在华为内部的确有这样一个不成文的规定:上级和下级一起就餐时,上级应该主动掏腰包请客,这是华为分享文化中的一个组成部分。不过,相比于请客之类的其他方式,发行虚拟受限股的方式更有助于体现华为的合作和分享文化。作为一家世界级别的大公司,华为没有选择上市,没有向社会融资,而是以发行内部股票的方式将员工凝聚在一起。任何一个华为员工都有机会认购股票;任何一个华为员工,都有机会享受到公司发展带来的红利。在这种形式的物质激励下,华为有效地提升了员工的工作动力。

华为轮值董事长胡厚崑说过:"我们要以春雨'润物细无声'的方式呈现价值与贡献,获得信任,持续改善、软化商业环境,使之与公司未来千亿美元规模相匹配,在更高层面支撑业务发展。华为的价值循环平台将是全产业链的价值创造与分享,我们要用好最优秀的资源,在资源多、政策好的地方加强布局,构建产业生态圈。同时,要提升对风险内控、合规运营的监管能力,建立危机预警及管理机制,守护好企业形象。"事实上,在华为的价值观中,获得强大的发展地位远远不如保持一个健康稳定的行业生态系统更为重要。

开放的文化、合作的态度一直都是华为公司的一块重要招牌。在面对外界的竞争压力及内部的发展需求时,华为人坚持将开放合作放在市场开拓和市场稳固的首位,坚持和市场上的其他企业保持良好的合作关系。

4. 创新文化

欧洲一家通信制造商的高管在一个非正式场合这样评价华为:"过去30多年全球通信行业的最大事件是华为的意外崛起,华为以价格和技术的'破坏性创新'彻底颠覆了通信产业的传统格局,从而让世界绝大多数普通人都能享受到低价优质的信息服务。"

如果对华为的创新文化进行分析,就会发现华为的创新不仅体现在技术方面(在通信领域内不断发展,尤其是当前的 5G 领域更是拥有一定的基础优势),而且还表现在其他很多方面:制度创新("工者有其股"的分配制度)、产品微创新(在前人的基础上对产品做出迎合市场需求的微调)、市场与研发组织创新(市场组织创新包括"一点两面三三制"与"铁三角",研发体制创新是研发产品的功能模块化创新)、决策体制的创新(轮值 CEO 制度)等。这一切都是华为多年来创新文化得以丰富和执行的结果,而这些创新文化本身就具备一些鲜明的特点。华为承诺每年都会将收益的10%～15%的资金投入产品研发中,其中资金的70%将用于开发,剩下的30%用于研究。

总的来说,华为的创新文化一方面代表了华为员工对更好的技术的追求,对更好的组织模式的向往;另一方面则包含了开放、收敛和包容的特质,可以有效提升华为的工作效率及市场竞争力。

5. 危机文化

怎样在竞争激烈的市场环境中生存下来呢?从华为的表现来看,其实它只是把握住了一个最基本的规律,那就是任何企业都会经历一个强弱变化的过程,而企业要做的就是保证企业处在一个更加健康的新陈代谢的状态,这样才能在一个健康的体系内尽可能保证企业的年轻化。

1996年1月,华为主导了一场市场部集体辞职事件。当时,包括时任华为副总裁孙亚芳在内的市场部高层干部以及各个区域办事处主任和办事处主任以上的干部,都自愿离开原有岗位。然而,这里所谓的辞职并不意味着离开公司,而是辞去原职位后再通过公平竞争上岗。

当时,这些辞职的干部都要提交两份报告,一份是述职报告,一份是辞职报告。公司重点分析每个人平时的工作业绩和述职报告中拟定的工作计划,对他们进行认真考核,做出合理的能力评估和职业评估,然后按照一套固定的考核标准和组织改革后的人力需要,决定是批准辞职报告还是述职报告。

2017年9月底开始,华为再次上演了类似的大辞职,华为有7000位工作满8年的老员工主动提交辞呈,然后大家可以自愿竞聘上岗,职位和待遇不会发生变动,但需要重新签署劳动合同,工龄也会发生变化,而公司会为此支付大约10亿元的赔偿。这种先辞职再竞聘的模式体现了华为对内部员工流动性的一种统一管理,是把握企业新陈代谢这一规律的一个重要体现。很显然,华为并不希望有太多表现不佳的老员工继续留在原有岗位上,而那些真正表现出色的员工却受到压制,公司需要以此进行内部的重新洗牌,实现人才的合理配置。当然,更重要的一点是,公司一直都在强调年轻化,一直都在强调要为整个公司不断注入新鲜的活力。任正非意识到那些曾经非常优秀的企业之所以会倒掉,往往是在僵化中死去,它们的衰败常常在于活力不足,导致公司失去了应变能力。

新陈代谢实际上是华为的一个重大战略思维,这个思维的关键在于实现人才的更替和管理的转型,从而使整个公司始终保持高强度的竞争水准,也能保证公司内部组织和管理的活性。很显然,在传言员工工龄 8 年以上,年龄 45 岁以上,达到一定的职位要求可以提前退休的背景下,所有的华为员工都对自己的人生有了更为强烈的紧迫感。

如果对华为的发展进行分析,就会发现华为多年来一直都在强调艰苦奋斗的文化,艰苦奋斗几乎成了华为员工身上最明显的标签,这个标签伴随着一代又一代华为员工的成长。在华为,有一个著名的"奋斗者协议",员工可以自主决定是否与公司签署这一个协议,签订协议之后,就意味着员工需要主动放弃带薪年休和法定假期,也意味着将会免费为公司加班及自愿买断工龄,而这样做的唯一回报就是确保自己的考核成绩符合规定,可以在工作出色时获得相关的分红与股份分配。从某种意义上来说,这是一个要求员工为公司自我牺牲的协议,但事实上很多员工都希望主动和公司签署这样的协议,他们更希望自己能够在艰苦的环境中坚守下去,更希望自己可以在奋斗中获得进步。

6. 知本文化

"知本主义"的概念最早出现在任正非《走出混沌》一文中,任正非这样说道:"对一些高技术产业,人的脑袋很重要,金钱资本反而有些逊色,应多强调知识、劳动的力量,这就是知识资本,我们称为'知本主义'。"很快,"知本主义"就在华为内部走红,并且华为内部对于知识的重视开始形成一种鲜明的文化现象。他们意识到物质资源是可以耗尽的,知识却生生不息,一个人或者一个企业可以永远不知疲倦地接受新的知识,运用新的知识,可以说"取之不尽"是知识资源的一个最本质特征。

事实上，华为的学习模式多种多样，最常见的是私底下的阅读及工作之余的相互探讨，从而形成了良好的学习氛围。最近几年，华为一直强调要突破理论创新，要强化理论创新的力度，而理论创新与实践息息相关。正如任正非强调的那样："实践出真知。当实践积累到一定程度就会产生理论的突破。理论是对实践的归纳，但理论的突破往往都建立在实践的基础上。一个人的文章写得好不好，很大程度上取决于他的实践经验。真正充满真知的人往往是历经实践、善于总结的人。"华为需要的是一批有着实践经验、有着认真实践态度的人，这些人往往可以更好地将实践中遇到的问题和总结出来的经验运用到理论研究和创新当中。而反过来说，理论研究的成果又可以在实践活动中得到检验和完善，两者相辅相成。

除了技术研发之外，在华为，人员的配置和干部的提拔任用也必须通过实践来证明。华为人认为一个人的能力不仅仅依靠学历，更需要经受实践的考验，个人不能和相关的工作脱节，毕竟任何一种能力考核都要按最终在工作中的贡献说话，实践能力才是证明一个人强大与否的标准。华为在对人才和干部进行考核的时候，非常看重对方做了多少工作，做出了多少成绩，创造了多大的价值。

不仅如此，华为一直强调干部的提拔必须和实践工作息息相关，只有那些进入一线实践的干部，才有可能获得提拔。按照华为员工的说法就是"在华为，没有基层实践经验的那些机关人员，只能称为职员，他们根本不具备直接被选拔为管理干部的资格。那些拥有决策权的正职人员，必须经历过一线岗位的历练，并且还经历过业务和岗位的转换。那些没有成功实践经验的干部会被直接冻结晋级、晋职、晋薪和配股的资格，就连平级调动也不可能"。

企业文化就是企业发展所需的各种要素的黏合剂，它可以将技术、创新、资金、管理、执行、人才、资源等所有的发展要素更合理地整合在一起，这才是华为真正强大的地方，也是所有顶级企业真正强大的地方。企业文化是企业成员在相互作用的过程中形成的，它的本质就是一整套为大多数成员或者所有成员所认同的价值体系。许多人都在谈论华为的企业文化极其成功,华为文化始终都是在不断变化和丰富的,它不可能一成不变,比如,从"狼性"文化转化为奋斗文化,这就是一种变化;从技术导向变成市场导向也是一种变化;从片面追求技术的工程研究,到强调基础理论研究,这同样是一种变化。这些年,很多华为员工又开始思考华为文化未来化,但因为并不是一家互联网公司,华为的文化更应该建立在工业文化和互联网文化的基础上,将两种文化结合起来,然后打造属于自己的创新文化。

但是华为身上的工业文化的影子还比较明显,华为内部工业文化的氛围还比较浓厚,这不是短时间内可以消除和改变的,最简单的做法就是将工业文化和互联网文化做一个结合,这种结合是柔和的、缓慢的,不能过于强烈和急促,否则容易对整个公司的文化体系造成破坏性的冲击。需要注意的是,任何一种文化的打造都是建立在假设的基础上的,通过各种有效的假设,然后在实践中进行验证,才能知道文化的作用和价值。因此,文化的使用实质上就是一种假设下的创新,企业并不清楚文化能在管理和运营中产生多少价值,一切都需要假设和验证。只有经过验证,才能证明最初的假设是否有效,才能证明最初的文化设想是否值得推广,这就是一个企业战略能力的体现。而目前的华为已经做出了假设,并且在很多方面开始进行实践和验证。目前来说工业文化与互联网文化的交融效果还不错,但这是否就表明华为一定适合新的文化体系呢?这也许还需要华为进一步验证,还需要在这种尝试的基础上继续改进。

6.2.3　文化引领实践案例:鱼跃酿造

丽水市鱼跃酿造食品有限公司(以下简称"鱼跃酿造")作为浙江老字号企业,坚持奉行"不求百强,但求百年"的核心理念,以"工匠精神"打造莲都区品牌、丽水品牌。适应文旅融合发展背景,开展工业旅游,建成集生产研发、科普教育、老字号、非物质文化遗产文化传播、休闲养生旅游为一体的综合性产业园区——鱼跃1919文化产业园",打造出一个"绿水青山就是金山银山"生态产业链。鱼跃酿造践行"绿水青山就是金山银山"的科学理念实践,是"两山"理念的"丽水样本"。

6.2.3.1 构建"四位一体"的科学文化生态体系

1. 拓宽渠道,传播健康文化

《"健康中国2030"规划纲要》指出,要把健康融入所有政策,加强各部门各行业的沟通协作,形成促进健康的合力。作为食品企业,鱼跃酿造把"健康文化"融入自己的企业文化中。鱼跃酿造始终践行"健康第一,用心酿造放心食品"的使命,积极向社会大众普及健康养生、食品安全知识。如与丽水电视台公共频道合作,开设了《养生谈》子栏目《鱼跃小课堂》,积极利用新媒体渠道,在微信公众号发布有关养生健康的文章进行健康教育,传播健康文化。在董事长陈旭东的带领下,公司成立了食品安全科普宣讲团,常年坚持开展公益性科普讲座"幸福养生·鱼跃谈",开展数百场活动,惠及群众数十万人,让健康知识"飞入寻常百姓家"。

2. 立足本土,弘扬地方文化

在丽水,鱼跃酿造是人尽皆知的老品牌。百年来,丽水市民与鱼跃酿造结下了深厚的情缘。鱼跃酿造产品的滋味,承载着几代丽水人的乡愁记忆。鱼跃酿造根植于处州(丽水市古称)大地,在特殊的地域环境中,形成了自己的特色。因此,鱼跃酿造采取分步走的战略,不急于将产品销往全国,而是立足本土、挖掘特色,利用丽水本地旅游产业来带动产品销售,建立起品牌知名度,从而构建出富有地方文化特色的丽水本土品牌。鱼跃酿造利用丽水当地独特物产和自然环境,致力于开发丽水特色的养生产品。将每个鱼跃酿造产品打造成独具魅力的文化产品,转化为代表丽水好山好水和悠久历史文化的旅游地商品。鱼跃1919文化产业园的展厅材质上多用青石板、灰石砖,并融合瓯江及当地建筑元素,展现处州山水环境,讲述着处州文化、处州故事,将丽水当地的风土人情和鱼跃酿造企业文化紧密结合。鱼跃1919文化产业园在传承鱼跃酿造品牌以及企业文化过程中,与丽水当地文化巧妙结合,既能保护传承地域文化,又能实现企业的转型升级。

3. 创新方式,传承传统文化

鱼跃酿造创立于1919年,是丽水市区首家浙江老字号,源自北宋的传统酿造技艺,已被列入非物质文化遗产保护名录。作为一家百年老字号,依托优质生态环境,坚持古法酿造技艺,鱼跃酿造具有鲜明的中华民族传统文化背景和深厚的文化底蕴。鱼跃酿造董事长、非物质文化遗产代表性传承人陈旭东说,鱼跃酿造正在恢复生产、保护老字号,一边保护传统酿造工艺,一边把相关历史文化整理成册,展现传统酿造技艺作为非物质文化遗产的重要地位。鱼跃1919文化产业园中,采用大量高科技手段,将AR、投影、激光等现代声光电技术融入各个展示环节,将文化与非物质文化遗产技艺相结合、教育的知识性与趣味性相结合、虚拟操作和现实场景相结合、体验式互动与生态意境营造相结合。秦观纪念馆、非物质文化遗产展览馆、制酱技艺互动体验区、养生科普馆、德生酱园再现场景等展示区,每一个环节都结合音效再现当年酿造场景,生动地展示了酱油、米醋、白酒的酿造过程,游览者可以切实地了解到传统酿造技艺。

4. 做强阵地,发展红色文化

丽水是浙江省唯一的所辖县(市、区)都是革命老根据地的地级市,鱼跃酿造弘扬"浙西南革命精神",践行"丽水之干",落实"丽水之赞",成为丽水爱国主义教育基地。

鱼跃酿造党群中心设有邮说党建厅、百年鱼跃酿造党史馆等。利用红色资源,讲好红色故事,让游客亲身体验红色工业的开创历史和发展历程,传承红色基因,推动红色文化的传播、创新和发展。

6.2.3.2 践行"绿水青山就是金山银山"的科学理念实践

"两山"理论充分体现了人与自然之间的辩证统一关系,以及环境保护与经济发展的辩证思维。该理论揭示了资源生态价值向经济财富转化的实践关系。"绿水青山就是金山银山",对丽水来说尤为如此。鱼跃酿造积极践行"两山"理论,坚持绿色发展,推进产业转型升级。

一方面,鱼跃酿造作为丽水市"两山"理念实践现场教学基地,主张用时间把丽水的绿水青山发酵成"舌尖上的金山银山",成为"两山"理论的践行者。丽水是全国唯一的水和空气质量排名均进入前十的地级市,而水和空气又是酱酿产品发酵的关键元素。鱼跃酿造充分发挥生态优势,提出"一家卖水和空气的百年老店"的口号。此外,鱼跃酿造加入"丽水山耕"区域公共品牌,有效提高了产品的信誉度和附加值,不断致力于主营业务,打造品牌精品,形成绿色产业体系。

另一方面,"绿水青山"向"金山银山"转化的过程不仅涉及生态资源的价值转化,包括经济活动的绿色转型。这一转化过程旨在实现生态环境和经济发展的双重目标。在文旅融合发展的当下,鱼跃酿造创新发展思路,转变发展方式,将古法酿造文化理念和古法酿造工艺生产线相结合,建成鱼跃1919文化产业园。该产业园集中体现了生产、文化、旅游、养生、科普教育等内容,结合九龙湿地、古堰画乡等丽水的自然景点,开发"食品工业旅游"产业,打造出一个"绿水青山就是金山银山"生态产业链。这种体验式旅游,虽然面向的是作为游客的企业级客户,但通过企业级客户,也带动了潜在消费者。而鱼跃酿造通过与相关上下游企业的合作来发展这种产业链式的食品工业旅游,开发出新的体验产品,不仅使得游客的旅游内容更加丰富,而且可以分担游客接待的压力增加资金投入。

鱼跃酿造在多年的发展中,协同推进传统产业提升和新兴产业培育。在做优做强第二、第三产业的基础上,倒推第一产业发展。以农旅融合为方向,积极打造田园综合体,产业链向后一体化发展,这既能延伸文化旅游产业链,提升产品价值链,又能形成完整体验体系,使游客可以了解到整个食品产业链,给体验式旅游带来新的生命力,打造了"两山"理论的"丽水样本"。

6.2.3.3 坚守"有匠心、做匠人、干匠活"的新时代大国工匠精神

工匠精神指的是一种敬业执着、一丝不苟、精益求精的工作态度。随着

时代的变迁和技术的发展,工匠精神不仅没有被淘汰,反而愈发重要。党的十八大以来,习近平总书记多次强调要弘扬工匠精神。新时代的工匠精神,更加重视产品的创新、品质、细节。

1. 有匠心,以工匠精神承担社会责任

工匠精神落在企业家身上,就是企业家精神,如责任、担当、奉献。鱼跃酿造坚守"酿造无人见,存心有天知"的初心和匠心,弘扬工匠精神,做良心企业。在企业的发展过程中,鱼跃酿造力所能及地承担各类社会责任。面对当地柑橘特色产业滞销的境况,鱼跃酿造致力于乡村振兴,主动承担了丽水市莲都区国家科技富民强县科研项目"橘子原汁酿造果醋新技术研究",帮助农民销售柑橘。2011年,又承担起丽水市招投标项目"橘子果醋新产品产业化开发"。作为一家农产品加工企业,宣传食品安全义不容辞,鱼跃酿造成立了食品安全科普宣讲团,多年来累计接待社会各界人士5万人次以上,并获得2017年"莲都区首届志愿服务项目大赛"银奖。通过开展各种公益活动,积极传递社会正能量,不仅树立了良好的企业形象,而且让企业员工有归属感、自豪感。

2. 做匠人,将工匠精神融入企业管理

鱼跃酿造在面对瞬息万变的市场经济之时,曾濒临倒闭。凭借着对鱼跃酿造品牌的珍爱,陈旭东毅然决定放弃苦心经营多年的五金加工厂,拿出全部积蓄买下了鱼跃酿造。当时整个丽水地区的酿造行业鱼龙混杂,坚持高品质、高规格产品在市场中举步维艰。回忆当时的情景,陈旭东笑称自己如同"痴人"一般,一头扎进这口酱油坛中。"我一边虚心向厂里的老师傅请教,一边亲自动手实践,常常一个人在车间里琢磨到深夜。"他认真记录每一道酿造程序,研究原料的最佳配比,摸索发酵的精准时间和温度。有一次,为了详细观察酿造关键控制点的变化,他和工人一同住到车间里,饿了就啃口方便面,困了就在墙角打地铺,在车间里待了整整三天三夜。他以工匠精神为引领,将其融入生产经营的每一个环节。2007年,作为浙江老字号鱼跃酿造传承人,陈旭东给鱼跃酿造定下了企业核心理念——"不求百强,但求百年"。他认为企业过度强调做大做强是不准确的,应该追求精和久。

3. 干匠活,以工匠精神引领技术创新

工匠精神不仅体现了精湛工艺和追求卓越的理念,还积极吸纳前沿技术,通过应用新技术来打造更优质的产品。多年来,鱼跃酿造以工匠精神引领研发与创新。为了实现鱼跃酿造在传统工艺与现代科技的完美结合,2007年,陈旭东赴中国食品发酵工业研究院,虚心向专家请教学习,并成立了鱼跃酿造技术研发中心,随后,"绿谷琼液酒""母子酱油""鱼跃糯米酒""大米纯粮酿造食醋澄清工艺"等新产品、新技术相继被研发出来,并且得到了消费者的认可。其后,鱼跃酿造又和丽水学院、大连民族学院、浙江大学、同济大学等高校建立了科技合作关系,使得企业在技术研发和产品质量方面有了显著的提升。通过与高校、科研院所合作研发、自主研发等方式,增强了企业创新能力。近年来,鱼跃酿造技术研发中心投入大量资金,将传统酿造工艺和现代生物科技相结合,结合丽水当地的独特物产和自然环境,致力于开发丽水特色的养生产品。

4. 打造传播科学知识、科学精神、科学理念和科学思想的研学基地和劳动教育基地

近年来,新课程改革在青少年教育中不断推进,在这一背景下,研学旅行这一新型的教育形式逐渐兴起。鱼跃酿造作为丽水市莲都区的研学实践教育基地,其研学活动旨在提升青少年的科学素养,传播科学知识、科学精神、科学理念和科学思想。

鱼跃酿造利用鱼跃1919文化产业园的科普资源优势,打造特色研学路线。学生通过参观体验鱼跃1919文化产业园,包括古法发酵池、灌装生产线、技术研发中心,以及露天晒场等,了解食品制作流程和方法,激发学生对于科学知识的浓厚兴趣。通过讲解与互动的方式帮助学生增长相关营养知识,树立营养健康第一的科学理念。充分发挥红色资源与传统文化优势,传播科学思想,带领学生参观邮说党建馆、非物质文化遗产展览馆、德生酱园再现场景等展示区,开展红色教育,传承红色与经典优秀文化基因。

鱼跃酿造还开展了第二课堂活动和养生讲堂活动，将非物质文化遗产技艺带进课堂，通过手把手的教学、体验，进一步激发学生的兴趣。一方面，响应国家号召进行劳动教育基地建设，开放实践场所，鼓励学生参加生产劳动和创新实践，发挥学生的积极性、主动性和创造性。另一方面，在具体的劳动过程中鼓励试错、宽容失败，培养学生敢于面对困难和解决问题的品质。在实践过程中，学习科学精神，学会合作、探究和创新。鱼跃酿造通过打造研学基地和劳动教育基地的方式，向社会进行科学知识的传播，其传播力和影响力是无形而显著的。

6.2.4 众创实践案例："科普中国"

6.2.4.1 "科普中国"科学文化内涵

"科普中国"是中国科协为了更为深入且全面地推进科普信息化建设而全力塑造出的一个崭新品牌。其核心目的是以科普内容的构建为关键要点，充分且全面地依托现有的各种传播渠道以及平台，促使科普信息化建设与传统科普能够实现深度融合，进而大力提升科普方面的公共服务水平。中国科协作为国家实施全民科学素质行动计划的牵头单位，更是国家推动科学技术事业不断向前发展的中流砥柱力量。

"科普中国"的品牌视觉形象由红、蓝两种颜色的线条构成，上缘呈现出的"S"形状以及整体所构成的"T"形状，分别代表"科学"和"技术"的英文"science"和"technology"的首字母。这些线条所构成的电波形状，代表着运用先进的信息化手段来广泛传播科学，对表达形式进行创新，精准地满足公众的个性化需求，切实提高科普的时效性以及覆盖面。

在实际的科普工作中，"科普中国"通过各种线上平台、社交媒体等信息化渠道，采用众创等方式，及时征集并发布最新的科学知识和研究成果，让公众能够第一时间了解到科学动态；同时，针对不同群体的兴趣和需求，定制个性化的科普内容，如为青少年提供趣味科学实验视频，为成年人提供与生活息息相关的科学知识解读等，从而有效扩大科普的影响力和受益范围。

"科普中国"的众创传播实践通过组织线下活动，如科普展览、讲座、实验等，向公众传播科学知识；利用互联网平台进行科普直播，扩大科普的影响力和覆盖面；创作科普文章、制作科普视频，并通过网站、社交媒体等渠道发布；举办科普竞赛、科技节等活动，激发公众对科学的兴趣；开发科普游戏和应用程序，以有趣的方式传播科学知识；与电视台、广播电台、报纸等媒体合作，推出科普节目和专栏；组织科普志愿者，深入社区、学校等开展科普宣传活动；整合各类科普资源，建立科普资源库，实现资源的共享和利用等众创传播实践。旨在通过多种形式和渠道，将科学知识传递给公众，提高公众的科学素养和科学意识。

6.2.4.2 "科普中国"＋平台的众创传播实践

为了促进科普建设，为科普信息化搭建一流平台，中国科协推动"科普中国"与腾讯、百度多方展开合作，依托于引领型大数据传播产业平台的技术化、集成化与智能化水平，走"众创＋科普"之路。

1. "科普中国"＋腾讯

2015年4月30日，中国科协与腾讯在中国科技会堂签署"互联网＋科普"合作框架协议。根据协议，双方将全面推进"互联网＋科普"战略合作，开展移动互联网新趋势下的科学传播，提高科学文化普及在社交媒体中的影响力，推动科普内容、产品、活动、服务等在腾讯多平台、跨终端的全媒体推送，促进科学技术知识在移动互联网和社交圈中的流行，共同营造"互联网＋科普"的创新环境，推动大数据、人工智能、云计算等技术在科学内容传播领域的发展与应用，提升科普的社会影响力，促进全民科学文化素质提升，引领移动互联网下的科普新浪潮。

中国科协与腾讯联合打造了"科普中国·腾讯"平台，致力于让用户探索事实真相、体验科学之美、感受智慧未来。"科普中国·腾讯"包含"科普影视厅""科幻空间""科普头条推送""玩转科学""科普大数据"多个智慧化产品与服务。

(1)"科普影视厅"

"科普影视厅"集合科普、科幻影视精品,以视频形式呈现,分为"典读""科幻解码""科普短片"等多个频道。例如,用户可以观看"科普经典《引力波》:我们是如何探测引力波的""科学解读《降临》:人类与外星生命接触有哪些风险""真的有'刮油燃脂'的食物吗"等科学视频,感兴趣的用户还可以在"征集活动"区域发布自己的科普视频,充分调动了用户在科学传播方面的主观能动性。

(2)"科幻空间"

"科幻空间"是科学梦想家的聚集地,是创新、创意者的加油站,有介绍科学前沿动态的"科幻资讯",集合科幻小说、剧本、漫画的"科幻文轩",科幻爱好者交流互动的"科幻圈",还有科幻影视及影评的"42号放映厅"和采访科学技术领域杰出人物的"科幻人物志"。

(3)"科普头条推送"

"科普头条推送"聚焦于科学热点,着眼于科学诠释,追寻最前沿的科学热点,旨在做最靠谱的科学新闻,探究事实背后的科学真相,《深度解读:神舟十一号主要任务与技术革新》《什么叫作量子通信?》等头条文章为用户深入介绍了前沿科技的技术原理并进行了未来展望。

(4)"玩转科学"

"玩转科学"致力于做引人入胜的游戏,做有用的科普,这一平台既有手机端游戏《穿越虫洞》《决战深空》《肿瘤医师》,也有电脑端游戏《坎巴拉太空计划》《模拟列车》《微积历险记》,寓教于乐,让用户在玩游戏的过程中理解科学之美,迎合大部分用户的使用兴趣,极大地提高科学文化传播的效果。

《肿瘤医师》是一款模拟癌症治疗的游戏,基于真实的肿瘤治疗方案制作,游戏开始时玩家会获得关于病患的个人自述、疾病信息等基本情况,然后玩家扮演肿瘤医生制定治疗策略,考虑要采用的医疗工具,选择合适的医疗机器人作为助理,考虑患者的体力、免疫力、病重程度来选择放疗、化疗、手术等治疗方案,为癌症病人解除病痛,同时帮助他们树立生活的信心。《坎巴拉太空计划》是一款模拟航天发射的游戏,包含从航天器的组装到发射的全过程。在这个游戏中,玩家拥有一支庞大的航天团队,可以随心所欲地设计出各种形状的航天器,同时也可以驾驶航天器去往坎巴拉星系中的各个行星、卫星探索,或在星球上建立空间站。进行坎巴拉太空计划游戏时,玩家首先要学会制作宇宙飞船推进器和辅助的飞行器,根据导入的插件补丁,准备到星球上进行探索时,玩家需要找到星球对应的降落轨道,分离出探测飞船,控制探测飞船并将其移动到行星的降落轨道上,到达星球时,可以在上面插上旗帜,进行探测、行走、挖矿等活动。游戏将科学知识寓于游戏过程中,让玩家在玩乐的同时深度感受科学文化。

(5)"科普大数据"

"科普大数据"以大数据为依托,描绘出移动互联网环境下的用户画像,研究用户对科普内容的兴趣差异,分析用户的科普内容获取行为和传播行为,最后提出具体的科普工作建议,针对不同的用户进行精准化的科学普及。

"互联网+科普"改变了用户对科学内容的获取方式与科学共同体的科学文化传播渠道。伴随着移动互联网、智能手机、移动终端设备的发展,"科普中国·腾讯"可以通过后台的云计算、大数据对用户个性化的科学需求进行分析,拓展多渠道的科技传播和社交互动,大大提升科学传播的效率。同时,腾讯充分发挥社交平台的优势,利用微信、QQ在全社会的高覆盖率,将科学普及融入重大新闻事件和场景中,充分利用中国科协的专家、组织和权威资源,在科学普及过程中有效地摒除伪科学,开展更加有效的科普工作。

2. "科普中国"+百度

2015年7月21日,中国科协与百度举行了"科普中国+百度"战略合作成果发布活动,宣布启动"智慧+科普"计划。百度是全球最大的中文搜索引擎网站,已经构建了全球最大的中文信息资料库。百度与中国科协共同构建了"科普中国百度科学院",运用百度大数据、人工智能等技术优势支撑科普工作,通过互联网技术和百度平台,利用百度科学大脑,挖掘用户的科普需求,实现现有科普资源智能化,发展智慧科普,促进科普信息化发展。

"科普中国＋百度"依托大数据技术获取用户的细微行为特征数据,同时利用自然语言解密软件对用户进行情绪分析,推送个性化的信息服务。在科学传播过程中将用户的科学需求感知嵌入信息供给过程,有效弥合开发与利用,并借助网络地图(internet map)、标签云(tag cloud)、历史流图(history flow)、虚拟现实(virtual reality)等可视化技术将数据分析和报告实时呈现给用户。智慧化的科学传播挖掘用户的行为特征和科学需求,勾勒用户画像,再利用智能优化技术将搜索到的用户需求信息进行最优组合,结合互联网大数据企业的技术、平台资源与中国科协自身的组织、专家资源,在准确感知用户科普需求的基础上通过彼此合作提供精准化、个性化与均等化的智慧科普服务。

"科普中国＋百度"战略合作依托百度的平台优势,在广泛收集科普产品的互联网用户行为特征数据、百度百科数据、百度地图及实景数据、百度文库数据的基础上将科普信息化创新项目与百度指数、百度搜索、百度地图、百度百科等多平台有机结合,构筑智慧化科普服务平台,利用大数据、人工智能、云计算、搜索引擎、算法、网络爬虫(一种互联网自动搜索程序)、LBS(location based services,定位服务)、智能写作、智能推送等技术构建智慧化科普服务项目集群,综合图文、视频、虚拟现实等形式,在电脑端和移动客户端向公众呈现多元化的科普创新服务,实现从单向到双向、从可读到可视、从一维到多维、从平面媒体到全媒体的转变。

"科普中国＋百度"共同组建智慧化的科普服务平台,双方合作呈现了"科普指南针""科学大观园""百度科学百科""科普天下"等多个智慧化的科普产品与服务。

(1)"科普指南针"

"科普指南针"是基于百度搜索平台的科普网站统一入口,在该入口输入科普关键词将会出现科普资源整合后的窗口模块,为用户提供符合个性需求的科普信息。

(2)"科学大观园"

"科学大观园"在百度地图上标有科普基地位置,顶尖拍摄团队构建了真实的基地场景,结合精准的定位和导航信息,真实模拟场景内外的行走浏览,实现全景虚拟漫游,同时内嵌精品展示和互动,用户还可以在"科普大观园"中选择符合自身兴趣爱好的虚拟景观尽情游览。

(3)"百度科学百科"

"百度科学百科"是基于百度百科平台的科普专业化词条,在保证词条专业性和准确性的前提下,可以有效实现线上与线下的互动,线下参观时还可以通过扫描展品附近的二维码直接查看权威词条内容,无须人工讲解便可了解展品详情。

(4)"科普天下"

"科普天下"是基于百度大脑和百科平台打造的全球最大的中文科普生态社区,以用户科学需求为核心,利用大数据分析技术个性化连接用户与知识、用户与专家,聚集自动智能系统、专家、公众三方合力解答用户疑惑的科学问题,用户还可以通过语音、图像等方式与专家进行科普问答和交互。

2015年,中国科协与百度共同发布《中国网民科普需求搜索行为报告》,着重分析用户的科普搜索行为特点,科普主题搜索份额,科普搜索人群的年龄、性别、地域、职业等结构特征。报告显示,用户的科普搜索指数逐年增长,并且在移动端与电脑端呈现出不同的特点:以移动端为代表的即时型搜索集中在应急避险、生物医药、健康医疗主题;以电脑端为代表的学习型搜索关注前沿技术、气候与环境主题;健康与医疗成为最受用户关注的科普主题。针对用户关注的热点问题,中国科协和百度联合在百度知道、百度百科等产品中推出对应专题,如"雾霾天气生存指南""另一个地球""健康饮食有助于缓解抑郁情绪""远离慢性病罕见病""氮有助于肠道健康"等,大大提升了科学文化传播效果。

"科普中国"同时打造"校园 e 站"和"乡村 e 站"等渠道,扩大科学文化的传播范围。依托于优质的科学技术教育资源,"校园 e 站"面向中小学生、科技教师和科技辅导员,开展青少年科技创新竞赛活动、科普活动、科技教育,以及科技教师和科技辅导员培训等线上线下相结合的校园科普服务。为方便学校使用,"科普中国"还专门开设了"校园 e 站"专栏,在专栏上发布有关科学教育活动的最新资讯,按物理、化学、生物、天文、地理等学科和无人机、航天器、细胞、人工智能等主题集成各类教育资源,扩大学生的知识面,提升学生对科学的兴趣。"乡村 e 站"由科普惠农服务站、农村云传播终端、中科云媒和农技信息员组成,提供日用百货、农资产品销售,还可以送货上门。以文字、图片、音频、视频等多种形式传播实用的科学技术和科普知识,受众还可以视频直接连线请求科学技术专家释疑解难。"乡村 e 站"旨在整合信息化的服务手段和内容,依托强大的科技专家团队,为农民搭建实用技术学习平台、远程互动培训平台、即时信息查询平台、农村电商创业平台和专家在线服务平台等多方科技服务平台,利民惠民,将科学传播落到实地。

此外,"科普中国"还重磅加盟抖音短视频,开创"科普中国"官方抖音号。抖音短视频的成功不仅是在中国开创了竖屏音乐类短视频的先河,更在于平台持续不断地重运营、强运营。迄今为止,"科普中国"在抖音短视频发布了 50 多条动态,获得点赞超过 180 万次,有 70 万关注者。"科普中国"在抖音上发布了"我是科学家,来听我讲科学"系列视频,包括"最伤手机的 4 种充电方式""夏天洗澡应该注意什么""10 个早衰的习惯你占了几个""这 6 种行为最伤血管,千万别做"等科普视频,提出了"吃酱油会不会让我们变黑"这样的一些有趣问题;同时还发布时事热点相关内容,如西昌卫星发射中心以"一箭双星"方式成功发射两颗北斗导航卫星;还有"全国科普日"系列活动,介绍机器人跳舞、激光武器、AI 人脸识别系统。以受众感兴趣的方式传播科学知识,吸引受众的持续关注和参与,让受众感受科学视域下的科学之美。

6.2.4.3 "科普中国"众创之路

新的科学文化时代,"科普中国"突破科学共同体的内向主体性,打造适应"人民日益增长的美好生活需要"价值理念的行动方案。在当代价值观的立场上,科学文化的传播追求全民建设、全民共享科技进步福利的新思路与新要求。"科普中国"的众创之路是一条充满创新和活力的道路。它通过打造品牌网络方阵、积极寻求与各大企业合作以及营造"众创、严谨、共享"的科学文化生态网络圈等途径,加快了科学文化信息化建设步伐,提升了我国科学文化传播能力。

在这条众创之路上,"科普中国"不仅致力于将科技知识传播给万千家庭,还注重培养公众的科学思维和科学精神,推动全民科学素质的提升。同时,"科普中国"还关注特殊群体的科普需求,针对老年人、残疾人等特殊群体,开展专门的科普活动和服务,帮助他们更好地理解和应用科学知识,提升生活质量。

"科普中国"注重科普教育的创新与实践。通过开发科普课程、教材和教学辅助材料,为学校和社区提供丰富的科普教育资源。同时,还开展科普教育师资培训,提升教师的科普教育能力,推动科普教育在中小学和社区的普及与深入。

"科普中国"关注少数民族地区的科普事业发展,推动科普资源的均衡分布,促进各民族的科学文化交流与融合。在科普内容的传播上,"科普中国"也积极拥抱新技术和新应用。除了传统的文字、图片等形式外,还充分利用短视频、直播、虚拟现实等新媒体手段,让科普内容更加生动、有趣和易于理解。

"科普中国"注重科普产业的培育与发展。通过政策扶持和资金支持,鼓励企业和社会力量参与科普事业,推动科普产业的形成与发展。同时,还加强与科研机构、高校等单位的合作,推动科普成果的转化与应用,为经济社会发展提供科技支撑和创新动力。

总之,"科普中国"的众创之路是一条汇聚智慧、激发创新的科学文化探索道路,它汇聚了无数科技爱好者的热情和智慧,共同推动科学知识的普及和科技创新的发展。在这条道路上,每个人都可以成为科学的传播者,每个创新想法都有可能点燃科技的火花。未来,"科普中国"的众创之路将继续拓展,它将连接更多的科技爱好者和创新者,共同推动科学知识的普及和科技创新的发展;它将不断探索新的科普形式,让科学变得更加生动有趣;它将不断挖掘新的创新点,让科技成为推动社会进步的重要力量。在这条众创之路上,"科普中国"将继续秉承以受众为中心的核心价值观,不断创新和完善科普体系,为我国科学文化事业的发展作出更大的贡献。

6.2.5 众包实践案例:智慧气象服务云平台

6.2.5.1 众包的概念及发展

2006年,杰夫·豪(Jeff Howe)首次提出了众包的概念,并将其定义为公司或机构利用互联网或通过第三方众包平台将原来由内部员工承担的部分工作任务,以自由自愿的形式分包给非定向的(通常是数量庞大的)网络大众的做法(Howe,2006)。Enrique Estellés-Arolas 和 González-Ladrón de-Guevara 提出,众包是一种多人参与的在线活动,个体、公共机构、非营利组织或者企业通过公开的方式征召一批知识、个性不同的群体自愿承担某项任务,在执行具有不同复杂性任务的过程中,群体提供工作、金钱、知识或者经验,实现互利。完成任务者会获得需求的满足,包括经济利益、社会认同、自尊的满足或者个体技能的发展,发布任务者获得因任务不同而具有不同表现形式的收益(Enrique,Fernando,2012)。目前,这个定义已得到研究者的广泛认可。

随着互联网的迅速发展,众包模式逐渐兴起,通过利用公众智慧参与企业的生产和服务活动,不仅全球知名公司,如宝洁、星巴克、耐克等发展了众包平台,还涌现出了一些众包社区,如 Inno Centive、Mechanical Turk 等。目前,众包模式不仅受到学界广泛关注,而且其应用范围正在从商业领域扩展至更广泛的社会领域,包括与科学相关的众包活动。科研众包的发展使得一些西方国家的科研机构开始招募和吸引公众参与天文监测、自然物种跟踪记录与保护等科学文化活动,这种趋势对于促进科学研究和文化保护具有重要意义。例如,英国牛津大学组织公众参与天文星系在线分类的"Galaxy Zoo"(星系动物园)活动、联合国世界粮食计划署开发的"Free Rice"(免费大米)众包科普游戏等。这些现象表明,众包模式具备广泛的社会基础和科普产业化的潜力,为科学文化的发展和提升国家科普能力建设提供了一种新的思路。这种趋势意味着通过众包模式,普通公众可以积极参与科学和文化领域的活动,为科学研究和文化保护作出贡献,同时,将众包与科学文化结合起来,也为国家在科普能力建设方面提供了新的机遇和策略。通过众包模式,可以更好地促进科学知识的传播和科技文化的普及,同时也能够激发公众的创造力和参与意识,这对于推动科学文化的发展和提高国家的科普能力具有重要意义。

在这种背景下,科学传播的文化导向应该积极转向一种新的范式,即"公众参与科学"。这一新范式鼓励各类科学社群、组织和个人开展线上和线下相结合的公益性或商业性众包科学文化传播项目,通过邀请公众参与科学文化内容创作、科学文化设施的设计与制作、科学文化项目的策划与运营等活动,可以探索出各具特色的众包科普服务模式。这种模式可以让公众成为科学文化传播的积极参与者,充分发挥他们的创造力和参与度,同时,这也为公益或商业性的科学文化传播项目提供了更多的可能性和资源支持。通过推动这种新的众包科普服务模式,可以更好地促进科学文化的传播与普及,推动科学与公众之间的互动与合作,实现科学文化的全面发展。

以气象科学领域众包模式的发育为例,基于众包理念的气象信息传播新模式相比现有模式具有以下3个优势：

第一，传播变为双向互动。众包公众有机会表达个性化需求，对专业人士提供的气象信息能够及时给予反馈，例如预报预警的准确性、服务信息的及时性和实用性等。同时，他们可以根据自身需求和偏好选择应用和评价信息，使信息接收由被动转为主动。

第二，对气象专业人士的服务具有促进作用。众包模式使气象专业人士能够更有针对性地提供气象信息，同时也能从各行业的专家和"草根专家"那里学习，使他们的服务更贴近实际需求。

第三，信息共享，实现多方共赢。通过众包平台，信息传播途径得到拓宽，各方能够更有效地打破地域限制，跨区域获取更多的信息资源。此外，气象与农业等多个专业有效结合，为各方提供更多机会，包括商机。这种众包模式能够促进信息共享，实现多方共同受益和繁荣发展。

6.2.5.2 智慧气象服务云平台

中国气象局推出的智慧气象服务云平台是为向外界提供智慧气象服务而设立的云平台。该平台是促进"互联网＋气象服务"发展的基础设施，也是中国气象局公共气象服务中心、华风气象传媒集团和省级气象部门开展智慧气象服务的支撑平台，由北京天译科技有限公司具体负责建设、运营。依托中国气象局的数据和产品资源、中国天气网的互联网软硬件基础和品牌资源，强化气象大数据的挖掘和行业应用，推动气象服务产业创新。平台面向入驻用户提供气象服务相关的数据、产品、系统、服务模式或创业团队的孵化服务，包括云资源、数据资源、平台部署、流程改造、服务运营推广等资源支撑工作。通过精准分类，场景分析可以为不同用户群体提供针对性的服务，通过API接口方式为政府、企业、开发者及第三方气象服务机构提供气象数据服务、气象产品服务、气象模型算法服务等等。

目前，平台站点数据已覆盖国内省、市、乡镇10万余个站点，国外主要城市8万余个站点，同时涵盖国内外景区10万余个站点及滑雪场2400个站点。格点数据更是灵活调取，可根据用户实际的经纬度信息，提供国内 1 km×1 km、国外 12.5 km×12.5 km 任意网格的精准气象服务，未来也将逐步实现全球 1 km 级的精准气象服务。平台可以提供天气预报、天气实况、天气预警、生活指数、空气质量、台风路径、气象服务图形产品等几十种常规气象数据，从分钟级预报到 180 天超长期预报，更有以月、旬、侯、年为单位的中长期气候预测，实现预报时效无缝隙衔接。数据类型实现了多样性，包含农业、水文、海洋、环境、高空等多类型，并基于雷达观测及风云系卫星观测数据，独家研发了格点化多数据融合气象产品。在公众需求和行业特色方面，平台还可提供多种行业数据、社会化观测数据及用户挖掘产生的数据，并针对各种细分场景研发出了独家的蓝天预报、滑雪场预报、高尔夫球场精细化预报、沿途天气等一系列个性化产品，让预报服务做到更精、更细。

智慧气象服务云平台提供多种套餐供公众选择，包括免费套餐、国内套餐、国内旅游套餐、国外套餐和国外旅游套餐。自 2016 年平台创立起，不断吸纳高尖技术人才，目前已拥有百名气象专家组成的科研团队全力支撑，数据研发能力行业领先。凭借自身技术实力，已在水利、水电、风能、光伏、车联网、旅游、交通、新零售、物流、健康医疗、智能终端等行业精耕细作，致力于为更多企业及政府提供优质的商业气象服务，协助其开源、降本、避险、增效。平台已经为腾讯、阿里、百度、京东、微软、谷歌、三星、滴滴、TalkData、联通等数百家国内外知名企业以及行业领军企业提供企业级高精度气象数据服务，累计提供服务超 4100 亿次。

6.2.5.3　智慧气象服务云平台机制协同化实践

北京天译科技有限公司为中国气象局直属企业华风气象传媒集团全资子公司，是国内唯一获得中国气象局官方授权，传播和运营国家预警信息、开展全媒体气象服务、打造气象大数据服务平台的企业。北京天译科技有限公司具备先进的互联网运营和数据处理技术，代表官方权威国家级气象服务传播方向和气象信息服务方向。北京天译科技有限公司是中国天气网和中国天气频道的运营实体。中国天气网是中国气象局官方的公共气象服务门户网站，成立于2008年7月，至今累计服务人次超过770亿，最高单日浏览量超过8000万次，在国内气象服务类网站排名第一，在国际气象服务类网站最高排名第二；中国天气频道是由中国气象局主办的综合防灾减灾电视频道，2006年5月正式开播，覆盖数字电视用户数逾1.2亿户，全国覆盖人口超过4.5亿。

为促进智慧气象服务云平台发展，2016年，江苏省气象局启动建设"基于众创社群的气象科普多客户端系统"，以江苏省气象服务中心为建设主体，依托江苏省内丰富的气象高校资源，深厚的气象科研背景，传统的气象科普优势，江苏省政府的政策扶持打造的智能服务模式，成为了首届全国气象服务创新大赛入驻的优秀作品。基于此模式，2016年江苏省气象服务中心成功举办了"北极阁气象科普创新大赛"，2017年与南京大学合办"全国大气科学学科创新创业论坛大赛"，利用社会资源创建"3D虚拟北极阁气象博物馆"，扶持"巧博士气象科普课堂"，在平台中展示气象爱好者自制视频。以双向"互动"替代单向"宣教"模式，以众创众筹理念，引导社会资源参与气象科普产品的创新、研发和制作，培育气象科普众创社群，满足社会各界对气象科普的需求，扩大了科普的覆盖面。众包模式下的气象科普创新，满足了四大需求：大众对气象科普、防灾减灾的需求，气象爱好者创作创业的需求，科普馆、科协、学校等机构对科普产品的需求，气象服务社会化转型的需求。

当前，社会的多元化发展决定了气象服务呈现多样化和个性化的趋势。在这种背景下，仅仅依靠气象部门的人员、技术和设备难以满足公众对气象服务个性化、精准化和多样化的需求，因此，大力推进气象服务的社会化成为做好气象服务工作的必然趋势。专业性和个性化的气象服务众包模式通过广泛协作、交互和灵活的组织管理等特点，推动了各种创新资源和要素的优化配置和共享，成为实现气象服务社会化的重要方式，并已经取得了明显的成效。然而，在发展气象服务众包模式的实践中，也发现了一些问题。例如，平台功能尚不完善，目标客户群和签约专家的数量还不够多，专家和用户的征信制度尚未建立，服务范围也需要扩大。众包模式充分发挥了人多势众的优势，利用大众的智慧共同完成任务，节约了企业的人力成本，丰富了创新资源。同时，参与众包的人员也获得了大量的流动信息，得以增长见识，并且能够通过群体交流解决个性化的问题。运用众包理念构建新的传播模式有助于促进气象信息的有效传播和积极共享。

6.3 高新技术企业科学文化实践提炼

6.3.1 树立正确的企业科学文化观念

在国家的新时代要求下，企业家已经需要意识到科学文化之于自身发展内嵌与社会发展的重要作用，需要意识到科学文化工作是一项周期长但回报大的事业，一定比例的经费是能够保障企业科学文化长足发展的前提。研究不同行业类型、发育阶段与差异地区企业科学文化经费的投入产出比，设立科学文化活动专项资金，做到"专款专用"，有针对性地设计考评方案，才能精准化促进企业科学文化成效提升。

政府是主要责任方和资源促进方，建议进一步规划企业科学文化活动的财政拨款，对企业科学文化活动进行合理有效的财政支持，简化企业用于科学文化活动的财政拨款申报流程。可根据企业实际需求调整补贴申报条件，组织专家讨论针对企业科学文化活动的税收优惠政策，充分发挥政策导向作用。建议将高新技术企业科学文化成果纳入高新技术企业评定指标中，对开展社会性、公益性科学文化成效显著的企业进行减税激励和一定的资金奖励。

在政府部门的主导下,各级科协可专项研讨如何充分发挥企业对市场需求把握的优势,这是探索实现公益事业和经营事业并重的重要议题。例如,政府部门可以与企业合作,通过冠名、联合举办等方式共同推出大型活动。在这种合作中,政府负责确定活动的主题和核心思路,而企业则提供先进的技术支持和资金补充,通过互利共赢的形式,完成科学文化活动的政企合作,形成真正意义上的社会化科学文化培育局面,切实引导企业科普部门具备将科学文化做好的能力。

6.3.2 明确企业科学文化的责任主体

高新技术企业融合了不同专业、不同特长的专业人才,只有保证制度分工明确、职员各司其职,才能使各个部门高效运转,各类事业有效运行。思想上重视科学文化离实际工作的落地还有一定距离,组织专业人才组建企业科普部门,专人专职,责任明确,落实到位,及时评估,按章追责,才能从人的层面保证科普事业有数量、有质量地进行。人才是科学文化活动的第一落地推动者,明确科学文化的责任主体,有助于科学文化人才全心投入科学文化之中,减少外界多诉求的干扰,解决后顾之忧。

企业专职独立的科学文化机构赋有整合企业内部资源与社会资源做科普的使命,因此,优化发挥企业科协在科学文化活动中指导作用的地位是前提。探索如何促进企业主动加强其在科协或专业协会会员人数拥有量,鼓励企业员工加入科协或专业学会,增强与科协、专业协会、政府、高校、行业等社会各界的联系,打破内向化、封闭化的科学文化传统,在结合自身产品特点、公司性质的基础上,通过协会、学会开展交流合作。在与政府、高校的合作中,企业可组织社区、学校知识普及、学科竞赛赞助及资金募捐等活动,良好的社会口碑将为企业带来隐形的商业资产。在与其他行业的合作中,企业可以充分利用行业优势,创新商业模式,如开展工业旅游,建立多企业间的共同科普示范区、示范馆等。

6.3.3 探索新型的传播方式

加强新媒介和智能技术科普工作、探索众包和融合创新的科学文化传播形式等。现代社会,各类网络形态与人们的生活日渐密不可分,企业如何利用网络信息化的资源优势,顺应互联网发展视频化、移动化、社交化、游戏化的新态势,创新手段,吸引"眼球",提高"黏度"成为一大要务。以芜湖市瑞思机器人有限公司为例,该公司为吸引公众参观机器人展会,让公众了解企业的机器人技术,特地制造了一种能面对公众弹琴的机器人,极大地增强了科学文化的趣味性与互动性。在企业的未来科学文化实践中,怎样利用一切现代化的科技场馆设施和现代化传媒手段已成为企业为了生存不可回避的课题。

6.3.4 研究建立企业与高校的联动模式

高校与高新技术企业间的合作存在较好联动可能,原因如下:第一,高新技术企业需要高校源源不断地输送人才,大、中、小学中有大量科普的重点对象。第二,高校需要提高毕业生质量、就业率,以提高学校声誉和扩大生源。调研中发现,与高校保持合作的企业,科学文化实践开展都有一定成效,如开放企业大门,让学生到企业基地进行参观、模拟实验、实习等。典型例子是东方红卫星移动通信有限公司与重庆邮电大学合作创办"航天班",企业开展科学文化传播的同时,又能够获得高校输送的人才。企业创办大学在国外的科学文化实践中早已不鲜见,如美国通用汽车公司、华特迪士尼公司等诸多企业都创建过企业大学。

  随着知识经济的发展,知识更新迭代的速度不断加快,企业传统培训人才的模式已经无法适应新时代的发展要求,同时高校人才培养模式与社会应用人才之间又存在错位,高新技术企业与高校合作应成为新时期企业培养对口人才的新方向。此外,企业与院校还可以建立合作与对接,通过邀请研究人员走进企业开展科普讲座、科普培训等方式,帮助高新技术企业自身实现创新发展。

第 7 章
当代中国科学文化生态培育的展望与反思

7.1 机制涌现与信息"失衡"

科学文化的当代建设依托于平台的支持,平台的系统化有赖于从上至下各项基础工程的完善,从政策体系到人才库,结合高校与企业的科学文化建设以及全民科学文化感知力的培养,这一系统化的工程,为中国科学文化的发展之路,解决了软硬件发展的先决条件,有效地保障了后续布局的可操作性。

科学文化作为一种相对独立的文化形态,与政策体系的建设具有十分紧密的关系,以科学精神为核心的科学文化,需要有更完善的政策体系加以保障才能实现。中国科学院原院长路甬祥谈科学文化时提到:"过往人们谈论到科学文化时,关注的点往往是科学家在科技创新的过程中的个人道德规范与社会行为规范,而很少关注这些规范背后的制度与政策因素。"(羽城之翼,2015)中国国情的科学文化发展确实存在很大机会,通过相关政策体系的建设来促进科学文化建设,从而增加个人发展的自由时间、促使生产方式的革命性变革,拓展人的交往空间、促进人的思维方式的发展和道德情感的升华,这在当前竞争日益激烈的国际形势之下已显得相当重要。

信息化社会快速发展,文化及创新的政策不断出现,然而,目前我国网络上传播的科学内容主要由自媒体平台自行监管和规范，审核标准主要以社会公德和可能引发舆情的一些个人行为为主，缺乏面向科学精神追求真理和价值的专门机制保障。国家虽颁布了《中华人民共和国网络安全法》等相关法律条例，但尚未正式出台互联网内容相关的专项法律文件。一方面，科学文化传播实践中法律的执行力度和惩戒力度尚不到位；另一方面，出于科学知识的严谨性和特殊性，需要对科学类相关内容审查设立专项法律条例，进一步加强对网络与社交自媒体平台上产出的科学传播内容及其科学精神的监管，营造真实健康的科学文化网络氛围，避免网络自媒体科学传播内容真实性的保障纠错机制缺位。

伴随着传统主流媒体的相对边缘化及衰落，社交网络开启了舆论的去中心化浪潮，虚假新闻和谣言等信息的病毒式传播现象变得更加普遍，传统新闻的事实核查机制经常失灵。我们正处于一个所谓的"后真相时代"，人们更容易凭借情感和个人信仰来判断信息，客观认知往往不能及时确立，个人态度也容易受到虚假信息的影响。一些自媒体平台为了追求关注度，有意或无意地忽视科学精神和传播伦理，未经权威确认就公开发布内容，导致伪科学内容在网络上泛滥。中国目前正处于公民科学素质发展快速提升阶段，并且前沿科技成果越来越快速地进入大众知识供给链，大众辨别优劣科学内容的能力跟不上供给的速度，迫切需要加以规划和系统培养。科学共同体亟须承担起新的使命，即通过提供准确、高质量的科学内容，迅速为大众提供服务，并解答他们的疑问。而现状是主流科学共同体因为理念和机制转型缓慢往往处于畏难回避中，新科学文化的亲民使命履行明显不力，科学共同体未能较好地担负辨析科学内容的职责，出现了信息传播明显"失衡"的局面。

在社会的分工中，科学共同体拥有最先进和最权威的科学知识和资源，应该充分利用这一优势为广大社会公众提供服务。科学共同体有责任推动政府制定并出台适用于新媒体平台科学内容监管的法律法规，以树立科学文化内容建设的引导和规范标准。为克服科学共同体在推广渠道和力度上的不足，建议集全国科学共同体之优质资源，以众包模式构建一个国家级科学文化品牌(类似但集成度高于"科普中国"),各大科研院所充当该科普品牌的智库,并加强对科学家的分类管理,使得突发事件发生时,能立即激活反映机制,有相应的科学家主动发声,加强科学共同体网络传播的实时性与互动性;增强科学共同体在新媒体平台的服务影响力和在人民群众心中的权威性、求真保障能力,使之成为科学文化建设中当之无愧的领军者。科学共同体应该扮演建立行之有效的科学内容纠错机制的主角。

科学共同体应积极与各行各业进行开放合作,充分利用其智库资源的优势。提倡采用"科学众包"的协同模式,科学共同体提供内容,专业的媒体公司对其进行优化,从源头上确保传播内容的严谨性。同时,积极探索"科学文化+"的模式,与游戏、动画、电影、出版和直播等行业的领先企业加强合作,更好地发挥其在参与内容制作过程中的"把关"职能。以开放合作方式发挥不同行业协同服务的优势,从源头强化大众优质内容消费形态的行业资源联动与内容供给能力提升,系统化拓展公众对科学文化的参与福利,拓展科学文化建设的跨行业内容合作渠道。

把好科学传播内容的关,不仅要靠机制建立,还需要科学家身体力行创作优质的科学传播内容,探索科学家参与科学文化内容建设实践新路径模式,发挥示范效应。一方面,短视频已成为科学文化建设的全新服务场域,科学共同体应尽快布局科学内容的短视频传播渠道,快速培育优质短视频内容制作能力,在该场域发展的早期阶段尽快树立起内容水准标杆。另一方面,通过知识付费形式提升科学共同体参与实践的积极性。知识付费的本质在于把知识变成产品或服务,以实现商业价值,不仅有利于人们高效筛选科技信息,将科学知识和思想内容变成产品或服务,还利于补偿知识传播与筛选的成本。提升科学共同体参与科学文化实践的积极性,通过知识付费方式激励优质科学文化内容的生产,能够在很大程度上利用受众的认知盈余,产生更加广泛的社会效益。

7.2 多组织与社群生态基因孵化

新媒体的普及不仅带来了全民参与传播的新媒体时代,也深刻影响了科学信息的消费扩散方式。科学传播的内容越来越多样化,呈现出信息流量增大,自发参与传播量爆发性增多等特点。

自媒体平台如雨后春笋般蓬勃发展,科学传播从以往的科学共同体和媒体平台的传者最具优势和主动权,变成了受众主动参与反馈和传播、两者平等对话的状态。科学信息的个人创造者逐渐超越了科学共同体与政府部门(羽城之翼,2015)。大量自媒体公众科学文化平台涌现,不仅为科技工作者提供了科学信息发布的平台,实现了更新更快的互动交流,也为普通民众创造了参与科学传播的平民化、低门槛的机会。

目前,我国公众自发传播科学文化的方式多种多样,有网站平台(如科技中国、"科普中国"、科学松鼠会、头条新闻科技板块、哔哩哔哩科技板块等等)、IPTV 网络电视科学频道、无线通信平台、App 应用开放平台(如各大科普 App 等)、社交化网络媒体(微博、微信公众号等)等。这些平台都拥有巨量的用户群体,积极参与了科学信息内容与观念的接收、反馈,甚至是生产过程。

科学文化信息通过各种新媒体平台发布,又在新媒体平台上发酵引起认知观念讨论与扩散。公众自发参与的科学传播构成了科学信息再生产与二次传播,这是我国科技文化构建中的重要基层力量,也是真正提升国民科学文化素养和科学传播能力的根本。

多组织与社群生态基因不断自我完善既是国家和社会发展的需要,也是科学文化自身发展的需要。互联网技术高速发展,公众资源协同参与、企业参与服务活动的众包协同模式正在兴起,和科学有关的众包协同模式也不例外。多中心主体众包协同推进科学文化传播,有效地整合了更为广泛的社会资源,扩大了科学文化传播的整体社会影响力,借用更多的平台进行科学文化活动,多组织参与与社群协同有利于基层科学文化的有效建设。

科学文化建设是需要动员全社会力量共同参与的系统工程,多组织与社群生态基因孵化是当前科学文化建设工程的示范性、引领性探索。以中国目前最大的单一科学共同体中国科学院为例,虽然中国科学院科普活动的受众数量逐年增加,社会影响力也逐年增强,然而,科学共同体的科学文化建设模式也面临一些问题,需要中国科学院在组织建设、经费支持、人员培养、评估体系等方面制定相应的配套措施,以有效激发单位和个人的积极性,提升中国科学院在科学文化领域的影响力,最终增强我国的科学文化软实力。

在以华为等为代表的科学文化企业传播品牌涌现后,科学文化传播的市场化趋势愈来愈明显。在承担科学文化扩散与促进公民参与的社会责任之外,企业化的科学文化品牌具有营利需求,需要进行社会生产。这就要求企业平衡把握商业化和社会公益性之间的关系,孵化一批社群组织,优先给予重要科学议题更多资源,吸引受众关注并了解,进而在深层次上推动公众参与科学文化发展过程和决策,充分激发大众参与者的主观能动性。

就科研主体组织建设而言,科学文化体制相对分散。中国科学院科普办公室的职责是制定全院科学传播工作的战略、规划和政策,并进行宏观指导和管理;科学传播局则负责对院属单位科学传播工作的组织管理、宏观指导和综合协调,同时策划和实施全院重点工作的传播活动。然而,这两个机构的职责主要集中在提供宏观指导,缺乏对具体事务的明确管理权力,因此,未能对各单位形成有效的管理和监督。从法制规范上说,为进一步增强科学传播工作的管理监督实效,中国科学院在文化建设上需进一步细化科学传播组织管理机构的职能赋权,强化其实质性管理与监督作用。

7.3 开放亲民科学价值体系的培育

社会已经进入了"全程媒体、全息媒体、全员媒体、全效媒体"的智能融媒体时代,随着新媒体的普及,科学信息的传播方式不再局限于传统媒体如电视和报纸。现在,科学频道、科技类 App、科技类小程序应用以及社交媒体平台(如知乎、抖音、哔哩哔哩等)在网络电视和网络平台上都已成为重要的科学文化内容传播渠道。借助数字化手段对声、像、图、文等内容予以综合利用,传统媒体与手机、平板、可穿戴设备等移动互联智能终端的新兴媒体叠加使用,通过将科学文化相关要素融入多样的数字人文情境中,可以形成一个丰富的文化场景,以展示完整的科学文化体验。

自媒体时代的新协作体系中,科学共同体在一定程度上"放权"已成广大受众人群的强烈呼吁:让自媒体运营者能够发挥主动性和创造性走进科学。如慈溪科技馆是全国首家采用公私合作模式进行管理和运营的科技馆,然而,即便使用了公私合作模式,深圳中科创客学院有限公司这样属性和机制非常活跃的机构也无法顺利实现自身的愿景。科学内容的创作和展示形式仍然采用政府招投标的方式,中标方更像是一个物业管理者,导致活跃型平台组织努力使科学服务面向有强参与诉求的公众,但效果明显受到限制。

作为科学活动的主体,科学共同体的优势主要体现在不断提升的科研能力方面,但在科学文化传播环节的把控上则相对较弱,同时也缺乏在新传播场域中具有职业性和竞争力的特点。据对上海光机所调研情况,其制作的"追光逐梦"系列科普短视频,第一季采用动画形式介绍光学原理,第二季通过科学实验方式展示日常的光学现象,通俗易懂且极具设计感。但目前主要从自己的微信公众号、腾讯等视频平台等渠道推送给大众,缺少对新传播方式(如表情包、直播、短视频+弹幕、众包、共享、个性化精准内容定制)的尝试。今天这种已经明显呈线性链式延展、缺乏主动性和几何级数裂变的传播通常导致受众面窄小,有好内容却没有能力令更多人看到和二次传播。

在政府和科学共同体主导的传统科学文化建设模式中,主要通过建设科技馆、组织科普活动等方式来宣传科学知识和文化。然而,这种模式导致在科学文化基础设施较为完善、活动组织较多的地区,居民能够感受到相对活跃的科学文化氛围,而生活在较为偏远的城镇和乡村地区的居民则缺乏相关体验机会。尽管传统的建设和实践体系在单项供给模式下已经做出了很大努力,但仍存在明显的区域差异,无法满足全社会对科学文化服务的资源均等需求。新媒介传播的可共享、无差别实现全网平等获取,混合现实技术及人工智能技术等新型传播技术营造媲美现场的沉浸式体验,互联网与新技术的发展为消弭这种落差提供了可能性。传统科学文化建设者应以此为出发点,积极利用内容数字化表现形式,拓宽科学内容新媒体传播渠道,致力于建设具有普惠性的科学文化,而当前传统科学文化建设与新实践体系服务均等性追求差距较大。

数字化产品具有开放性和便捷性的巨大优势,可以利用科学知识储备发展数字科学文化产品,创造音频、视频等内容,体现和承载科学文化的精髓。这样,身处全国各地的民众都能随时随地方便地获取新鲜的科学内容,从而大大缩减科学文化建设和公民科学素质水平之间的地域差异。如中国科学院上海光机所研发的"七彩之光"在线科普课程已赴浙江、青海等地讲授,社会反响极佳。这些作为实现科学文化全民普惠性的重要建设举措,理应成为中国科学共同体应当肩负的当前责任与义务。科学共同体应立足于传统文化和新媒体传播带来的网络社交型社会文化以及全球化背景下的世界变化等,建构适应新环境的科学文化新格局,培育具有中国特色开放亲民的科学价值体系。

7.4　评估体系的动态优化

全民科学素质行动纲要实施工作办公室 2017 年 6 月发布的《科技创新成果科普成效和创新主体科普服务评价暂行办法》,比较全面地总结了对科技创新成果和创新主体的科普成效及科普服务评价的对象、方式、要素和要求,指出:科普评价包括科技创新成果科普成效评价、创新主体科普服务评价。其中,科技创新成果科普成效评价是指对科研、技术攻关、重大工程等科技创新活动过程中形成的新发现、新知识、新思想、新方法、新技术、新应用等成果,在不涉及保密情况下,面向公众及时传播、普及推广等的过程、效果的评价。创新主体科普服务评价是指对高校、科研机构、企业等创新主体面向公众开展科技教育、传播、普及等科普服务所涉及的规划计划实施情况、投入保障、服务成效等的评价。

目前,我国科学文化相关评估研究缺乏必要的统筹和协调,部分指标存在同质性、重复性测评的现象。虽然现在有中国科协主持的全国性公民科学素质和科普能力指标测评,还有各省(自治区、直辖市)科协主持进行的调查,但我国评估主体方面还是相对单一,在测评结果的评价和应用方面也存在单一性,系统性的思考和建设有显性缺失。过分注重公民科学素质测评和科普能力数据本身,往往会导致忽视其实质性的意义,即缺乏对提高科普能力的过程端——科普工作系统进行必要的审视、评价与反馈。

对于科学文化工作的效果如何以及如何体现效果?在多大程度上发挥作用?如何进一步提高科学文化在社会经济发展中的作用重要性,以最大限度地发挥科学文化的效果?这些问题仍值得科学文化工作者和研究界广泛关注。然而,迄今为止,对于这些问题尚缺乏系统和定量的研究和分析。

就评估机制而言,科研机构在评价科学文化工作时往往过于关注规模,而容易忽视传播效果。相比之下,国际科技创新前沿国家对科学文化活动的监测评估非常重视,一些国家已经建立了相对完善的监测评估体系。例如,德国、澳大利亚等国非常重视对投入较多的大型科学文化活动进行及时的评估。基于国际有益做法,科学共同体如中国科学院确实有必要吸取国外科学工程开放评估的先进经验,将科学文化评价纳入科研院所的综合评价体系之中,逐步促进科学文化工作有效开展(张志敏,2009)。

因此,如何通过动态优化评估及时了解效果,解决"条件好与不好不一样""干与不干不一样"等问题,激发各地开展科学文化工作的积极性、主动性,建立起动态系统的反馈通路,实现科学文化实践过程的自我调节,从而更好营造科学文化生态是值得探索和实践的问题。

科学文化生态是在动态中形成和发展的,需要持久的行为及活动来实现。全民科学文化素质的提高也不是一朝一夕就可以完成的,它不是孤立单一的工作,而是一个长期、艰巨的系统工程,需要全体公众共同努力。因此,需充分注重顶层设计,进一步完善动态优化评估体系;坚持党委领导、政府推动、社会参与;以人民为中心,落实各级党委政府的主体责任,推动公民科学素质工作纳入各级党委政府考核序列。

顺应新时代公民科学素质工作的新要求,结合党和国家深化改革后机构设置的新格局,建立全动态优化的科学文化工作评估体系,根据工作需要,委托第三方专业机构,定期选择一定数量的企事业单位、社会团体和组织、行业学(协)会,对其履行科学文化责任的情况进行评估。上述评估结果应该向社会公开,并将其纳入经济与社会发展规划、文明城市创建、公共文明指数、区域创新指数等的评价指标中,作为评估经济、科技、社会、文化创新发展的重要指标和编制调整规划、制定政策的重要依据。

参考文献

REFERENCE

一、中文文献

八雅轩,2019.他是中国最会画画的科学家,拿起画笔60年,从未放下的"纸上造梦师"[EB/OL].（2019-10-06）[2023-12-04]. https://www. sohu. com/a/345266933_100020068.

北京大学,2019.学部与院系[EB/OL].(2019-12-15)[2023-12-04]. https://www. pku. edu. cn/department. html.

贝尔纳,1982.科学的社会功能[M].陈体芳,译.北京:商务印书馆.

毕吉利,刘旭东,2022.科学文化建构的历史逻辑和本质规定[J].自然辩证法通讯,44(6):104-111.

波兰尼,2000.个人知识:迈向后批判哲学[M].许泽民,译.贵阳:贵州人民出版社:300.

布洛克斯,2010.理解科普[M].李曦,译.北京:中国科学技术出版社:70.

丁兆君,2018.中国科学技术大学的创新型人才培养[J].科学文化评论,15(3):31-51.

杜平,2019.解构浙江经济转型双螺旋结构[J].浙江经济,8:31.

冯惠敏,殷玥,郭路瑶,等,2019.我国古典文献中关于"博"的论述及其对现代大学通识教育的启示[J].河北工业大学学报(社会科学版),11(1):1-7.

冯天瑜,1988.关于"文化"与"文化史"的思考[J].湖北大学学报(哲学社会科学版),5:1-9.

高思,2015.新媒介环境下的科学传播问题及对策研究[D].成都:成都理工大学.

郭昕,2016.众创模式与企业成长战略转变研究[D].上海:上海师范大学.

国务院,2016.国务院关于印发"十三五"国家科技创新规划的通知:国发[2016]43号[EB/OL].(2016-08-08)[2023-12-03].https://www.gov.cn/zhengce/content/2016-08/08/content_5098072.htm?ivk_sa=1024320u.

韩启德,2018.中西方科学文化的同与不同[N].科技日报,2018-09-21(1).

何中华,1998."科玄论战"与20世纪中国哲学走向[J].文史哲,2:3-5.

侯建国,2008.钱学森与中国科学技术大学[M].合肥:中国科学技术大学出版社.

胡冠中,2015.区域经济与高等教育协调发展研究[D].天津:天津大学.

胡祥明,2015.创新型国家建设下的科学共同体:学派、学会建设研究:以《科学的学派》一书的科学学派史研究分析为视角[J].学会,3:5-16.

黄吉虎,2012.钱学森与中国科学技术大学力学系[M]//中国科学院院士工作局.钱学森先生诞辰100周年纪念文集.北京:科学出版社:460-475.

黄悦翎,2015.媒介变迁视阈下的近现代中国科学传播研究[D].南京:南京信息工程大学.

江鉴,2015.改革开放初期中国科学技术大学发展历程初探(1977—1988)[D].合肥:中国科学技术大学.

焦郑珊,2017.当代语境下的科学传播研究[J].自然辩证法研究,33(10):68-73.

居云峰,2010.中国科普的六个新理念[J].中国科技奖励,10:73-75.

李学江,2004.生态文化与文化生态论析[J].理论学刊,10:118-120.

李云,2013.企业科普的内容分析研究[J].科普研究,8(2):21-25.

林慧,袁秀,贾佳,2019.对科学文化与"家族式"科研组织模式的思考[J].中国科学院院刊,34(5):560-566.

林慧岳,孙广华,2005.后学院科学时代:知识活动的实现方式及规范体系[J].自然辩证法研究,3:32-36.

林坚,2008.科技传播的特性及其社会文化指向[J].科普研究,2:34-38.

刘兵,2003.对现实的科学的现实描述[N].科学时报,2003-05-15.

刘锦春,2007.公众理解科学的新模式:欧洲共识会议的起源及研究[J].自然辩证法研究,23(2):84-88.

刘珺珺,1989.科学社会学的研究传统和现状[J].自然辩证法通讯,4:18-25.

刘珺珺,1990.科学社会学[M].上海:上海人民出版社:32-33.

刘永谋,陈翔宇,2018.从民国科学文化看当前科学文化建设:以中国科学社科学本土化探索为例[J].山东科技大学学报(社会科学版),20(4):8-14.

马嫛,1993.工业革命与英国妇女[M].上海:上海社会科学院出版社:28.

默顿,2003.科学社会学:理论与经验研究[M].鲁旭东,林聚任,译.北京:商务印书馆:361-376.

普赖斯,1982.小科学,大科学[M].宋剑耕,戴振飞,译.北京:人民出版社.

齐曼,2008.真科学:它是什么,它指什么[M].曾国屏,匡辉,张成岗,译.上海:上海科技教育出版社:36.

钱学森,1957.论技术科学[J].科学通报,2:97-104.

钱学森,1959.中国科学技术大学里的基础课[N].人民日报,1959-05-26.

任福君,翟杰全,2012.科技传播与普及概论[M].北京:中国科学技术出版社:2.

盛晓明,2014.后学院科学及其规范性问题[J].自然辩证法通讯,4:2.

司托克斯,1999.基础科学与技术创新[M].周春彦,谷春立,译.北京:科学出版社.

谭文华,2006.从CUDOS到PLACE:论学院科学向后学院科学的转变[J].科学学研究,5:660.

万斌,2010.浙江文化概论[M].杭州:浙江人民出版社.

汪劼,2014.浙江科学文化的历史演进及当代价值[D].杭州:浙江大学:23-30.

王明,郑念,王合义,2017."大众创业、万众创新"背景下中国科学文化建设路径研究[J].东华理工大学学报(社会科学版),36(2):185-189.

吴国盛,2004.科学走向传播[J].科学中国人,1:10.

吴可人,2020.浙江省高质量推进新型城市化的挑战及对策[J].浙江树人大学学报(人文社会科学版),20(1):39.

伍光良,葛菲阳,2018.新时代中国科学文化建构探析[J].思想教育研究,12:100.

夏雨清,邵献平,2020.习近平生态文明思想引领科学文化建设研究[J].湖北经济学院学报(人文社会科学版),17(8):9.

严益强,2017.量子通信进展综述[J].广东通信技术,37(12):2-4,9.

杨慧民,2012.科学文化软实力及其提升路径研究[J].科技进步与对策,29(19):2.

佚名,1958a.争取科学工作的大跃进:记中国科学院研究所所长会议[J].科学通报,6:164-167.

佚名,1958b.中国科学技术大学第一次系主任会议纪要[A].合肥:中国科学技术大学:1958-WS-永久-016-001001.

羽城之翼,2015.科学文化[EB/OL].(2015-01-20)[2023-12-04].https://wenku.baidu.com/view/5bf2dba076a20029bd642de0.html.

袁家军,2020.政府工作报告:2020年1月12日在浙江省第十三届人民代表大会第三次会议上[N].浙江日报,2020-01-18(1).

张岱年,方克立,2013.中国文化概论[M].修订版.北京:北京师范大学出版社:3-4.

张孝荣,2015.中国众创空间发展白皮书(2015—2016年)[EB/OL].(2015-09-10)[2023-12-03].https://www.tisi.org/16412.

张一鸣,张增一,2021.科学文化的内涵与结构探析[J].自然辩证法通讯,42(2):

114-121.

张志辉,江鉴,方黑虎,2015.中国第一所研究生院办院模式与培养制度的早期探索[J].研究生教育研究,6:7-11,17.

张志敏,2009.对我国大型科普活动社会宣传作用的相关思考[J].科普研究,4(4):41-44.

赵红霞,2018.新媒体环境下的科技传播模式及创新策略研究[D].上海:上海社会科学院.

二、英文文献

Blackmore J,1992. Ernst mach:a deeper look[M]. London:Kluwer Academic Publishers:133.

Enrique E A,Fernando G L,2012. Towards an integrated crowdsourcing definition[J]. Journal of Information Science,88(2):189-200.

Howe J,2006. The rise of crowdsourcing[J]. Wircd,6(6):176-183.

Planck M, 1993. A survey of physical theory [M]. New York:Dover Publications:24.

Worster D,1994. Nature's economy:a history of ecological ideas[M]. 2nd ed. Cambridge:Cambridge University Press:27.

后 记

EPILOGUE

完成这本书稿，心中感慨万千。在对中国科学文化生态的培育与当代实践的深入探究过程中，我们越发深刻地认识到其重要性与复杂性。回顾历史，中国有着悠久的科学传统和辉煌的成就，但也曾在某些时期面临挑战和困境。然而，正是通过不断努力和探索，我们逐步构建起了具有中国特色的科学文化生态。

本书从科学文化生态的角度，首先阐述了中国科学文化生态培育的内涵与前景，然后刻画了科学文化生态发育历程与演化路径，接着从中国科学共同体、中国地方行政区、中国高新技术企业三个角度对科学文化生态培育当代实践代表性案例进行剖析，最后从机制、社群、价值与评估体系等维度对当代中国科学文化生态培育进行展望与反思。

在当代实践中，我们欣喜地看到无数科研工作者的执着与奉献，他们在各自的领域默默耕耘，推动着科学的进步。从基础研究到应用创新，从学术交流到科普推广，每一个环节都闪耀着智慧的光芒。同时，社会各界对于科学文化的重视程度也日益提升。教育体系的不断完善，培养了一代又一代具有科学素养的人才；媒体的积极传播，让科学知识走进了千家万户；政策的有力支持，为科学研究和创新创造了良好的环境。然而，我们也深知前方的道路依然漫长。科学文化生态的培育是一个持续的过程，需要我们不断努力。我们要进一步弘扬科学精神，消除误解与偏见，让科学真正成为全社会的共同追求和信仰。这本书只是一个开始,希望它能引发更多对中国科学文化生态的关注与思考,激励大家共同为构建更加繁荣、健康的科学文化生态而努力。期待未来,中国的科学文化能在世界舞台上绽放更加耀眼的光芒。

作为"中国国家创新生态系统与创新战略研究(第二辑)"丛书中的一本,本书有幸得到了以下项目的资源支持:2018年度中国科协创新战略研究院科研课题"科学文化建设的中国实践"(2018ysxh1-4-1-1)、2020年度浙江省哲学社会科学规划对策研究类课题"浙江省科学文化素质评估及测度体系研究"(20NDYD028YB)、2023年度浙江省哲学社会科学规划对策研究类课题"浙江省生态文明科普能力提升实践研究"(23BMHZ061YB)、2023年度中国科普研究所委托课题"浙江科技文化建设案例研究"。

在整本书的撰写过程中,浙江传媒学院硕士研究生吴张颖独立撰写第2章内容,参与了第4章和第5章的资料整理和初稿撰写;浙江省科学技术协会科普部龙爱民部长为第5章内容提供了大量的资料和数据支持;此外,中国科学技术大学科技传播系部分博士、硕士研究生参与了本书的资料整理和初稿撰写工作,在此一并对他们表示感谢!

在本书即将付梓之时,感谢中国科学技术大学为本书的出版给予了诸多资源方面的有力支撑;同时,也要感谢中国科学技术大学出版社对本书出版给予的支持。

鉴于时间较为紧迫且自身水平有限,书稿或许会存在一些研究上的局限性以及不足之处,在此恳切地期望读者能够予以指正!

特此为记。

朱赟　汤书昆
2024年3月